能源与电力分析年度报告系列

# 2015 中国节能节电分析报告

国网能源研究院　编著

中国电力出版社
CHINA ELECTRIC POWER PRESS

## 内 容 提 要

《中国节能节电分析报告》是能源与电力分析年度报告系列之一，主要对国家出台的节能政策法规和先进的技术措施进行总结评述，测算重点行业和全社会节能节电成效，为准确把握我国节能形势、合理制定相关政策和措施提供决策参考和依据。

本报告对我国2014年节能节电面临的形势、出台的政策措施、先进的技术实践以及全社会节能节电成效进行了深入分析和总结，并重点分析了工业、建筑、交通运输领域的经济运行情况、能源电力消费情况、能耗电耗指标变动情况以及主要节能节电措施和成效。

本书具有综述性、数据性、实践性、趋势性等特点，涉及能源电力分析、经济分析、节能节电分析专业，适合节能服务公司、高等院校、科研机构、政府及投资机构从业者参考使用。

**图书在版编目（CIP）数据**

中国节能节电分析报告.2015/国网能源研究院编著.—北京：中国电力出版社，2015.12

（能源与电力分析年度报告系列）

ISBN 978-7-5123-8701-0

Ⅰ.①中… Ⅱ.①国… Ⅲ.①节能－研究报告－中国－2015②节电－研究报告－中国－2015 Ⅳ.①TK01

中国版本图书馆CIP数据核字（2015）第296611号

中国电力出版社出版、发行

（北京市东城区北京站西街19号 100005 http://www.cepp.sgcc.com.cn）

航远印刷有限公司印刷

各地新华书店经售

*

2015年12月第一版 2015年12月北京第一次印刷

700毫米×1000毫米 16开本 14.5印张 174千字

印数0001—2000册 定价 **50.00** 元

# 前　言

国网能源研究院多年来紧密跟踪全社会及重点行业节能节电、电力需求侧管理、能源替代的进展，开展节能节电成效、政策与措施分析，形成年度系列分析报告，为科研单位、节能服务行业、政府部门、投资机构提供了有价值的决策参考和信息。

节能减排不仅是提高能源利用效率、节省化石能源消费、减少污染物排放、治理大气污染的有效手段和必要措施，而且还是优化产业结构、实现新型工业化、发展战略性新兴产业的重要抓手。“十二五”规划纲要提出，到2015年，全国单位GDP能耗比2010年下降16%，单位GDP的$CO_2$排放比2010年下降17%，$SO_2$排放下降8%，$NO_x$排放下降10%，非化石能源占一次能源消费比重达到11.4%。为顺利实现节能减排目标，国家出台了一系列节能减排政策，各地方、各行业采取多种措施，开展大量工作，取得显著成效。

“十二五”前三年，我国能耗强度分别下降2.0%、3.6%和3.7%，仅完成五年任务的56.3%，要实现“十二五”节能减排目标任务，后两年单位GDP能耗须年均降低3.9%以上。从实际情况来看2014、2015年节能减排进度超预期，进展显著，2014年单位GDP能耗强度下降4.67%，2015年上半年又下降了5.9%，远高于前三年。2014年是节能减排工作转折性的一年，研究2014年以来的节能工作具有重要意义，对实现“十三五”节能目标有重要参考价值。

本报告分为概述、节能篇、节电篇和专题篇四部分。

概述主要从我国面临的能源瓶颈、环境压力说明节能工作的重要性、紧迫性，并在分析全社会主要节能措施及效果的基础上，总结工业、建筑、交通运输等主要领域及全社会节能节电效果，并对未来我国节能工作进行了展望和建议。

节能篇主要从我国能源消费情况，以及工业、建筑、交通运输等领域的具体节能工作进展等方面对全社会节能成效进行分析，共分5章。第1章介绍了2014年我国能源消费的主要特点；第2章分析了工业领域的节能情况，重点分析了钢铁工业、有色金属工业、建材工业、石化和化学工业，以及电力工业的行业运行情况、能源消费特点、节能措施和节能成效；第3章分析了建筑领域的节能情况；第4章分析了交通运输领域中公路、铁路、水路、民航等细分领域的节能情况；第5章对我国全社会节能成效进行了分析汇总。

节电篇主要从我国电力消费情况，以及工业、建筑、交通运输等领域的节电工作进展等方面对全社会节电成效进行分析，共分5章。第1章介绍了2014年我国电力消费的主要特点；第2章分析了工业重点领域的节电情况；第3章分析了建筑领域的节电情况；第4章分析了交通运输领域的节电情况；第5章对全社会节电成效进行了分析汇总。

专题篇主要介绍了我国节能服务和需求响应的发展情况，节能服务章节介绍了行业概况、政策措施和国家电网公司节能服务实践，需求响应章节介绍了主要机制、当前政策和试点实践。

此外，本报告在附录中摘录和更新了有关能源和电力数据、节能减排政策法规、节能节电相关技术名词及术语释义、能源计量单位及换算等。

本报告概述由霍沫霖、王庆一主笔；节能篇由马丁、王向、王永培、马轶群、孙祥栋、霍沫霖、罗智、刘小聪主笔；节电篇由王向、霍沫霖、刘小聪、马丁、马轶群、罗智、孙祥栋、王永培主笔；专题篇由霍沫霖主笔；附录由王庆一、王守艳、霍沫霖主笔。全书由霍沫霖统稿，韩新阳校核。

王庆一教授为本报告的编写提供了大量基础数据和分析材料，并对研究团队的建设和培养给予了无私帮助。在本报告的编写过程中，也得到了中国石油和化工联合会李永亮处长、中国水泥协会范永斌主任、中国有色金属行业协会郎大展教授、中国钢铁工业协会迟京东会长等多位专家、学者的悉心指导和无私帮助，在此一并表示衷心感谢！

限于作者水平，虽然对书稿进行了反复研究推敲，但难免仍会存在疏漏与不足之处，恳请读者谅解并批评指正！

**编 著 者**

2015 年 11 月

# 目　录

# 节　电　篇

## 专　题　篇

# 概　　述

节约资源和保护环境是我国的基本国策，推进节能减排工作，加快建设资源节约型、环境友好型社会是我国的一项重大战略任务。党的十八大明确提出要加强节能减排、推进生态文明建设，实现中华民族永续发展。国务院于2012年印发《节能减排“十二五”规划》，进一步明确了节能减排的指导思想、主要目标、重点任务和保证措施，为推动我国节能减排工作深入有序开展提供了纲领性文件；国务院于2013年颁布的《大气污染防治行动计划》（国发〔2013〕37号）对节能减排工作提出了具体要求，并制定了针对性措施；国家发展改革委于2014年颁布的《国家应对气候变化规划（2014—2020）》指出到2020年实现单位国内生产总值$CO_2$排放比2005年下降40%～45%、非化石能源占一次能源消费的比重达到15%左右等目标；2014年4月全国人大通过了《环境保护法》修订案，为进一步强化节能减排增加了法律武器；2015年4月国家能源局发布的《煤炭清洁高效利用行动计划（2015—2020年）》，对未来构建清洁、高效、低碳、安全、可持续的现代煤炭清洁利用体系提出定量指标要求。

在中央政府的决策部署下，在国家相关政策指导下，各地方、各部门、各行业采取多种措施，把节能减排作为调整经济结构、转变发展方式、推动科学发展的重要抓手，采取一系列政策措施，推动我国节能工作取得积极进展。但当前严重雾霾频繁发生，高耗能工业比重较大且下降缓慢，能源消费长期内仍以煤炭为主，能源利用效率整体偏低，能源对外依存度进一步提高等问题存在，政策机制不完善、市场化手段缺乏、基础工作薄弱等问题也日益凸显，我国节能减排工作任重道远。

2014年是我国节能减排的一个转折点，经各方努力，我国节能工作取得了积极进展，全国单位国内生产总值能耗下降4.67%，降幅比2013年的3.72%扩大0.95个百分点，2015年上半年又下降了5.9%。这是“十二五”以来我国节能降耗的最好成绩，成为新常态下的新亮点。全社会节能量达2.087亿tce，比2013年增加29.4%。2014年$CO_2$排放量为93.29亿t，比2013年下降2.7%，是1998年以来首次下降。

尽管工业产品单位能耗普遍下降，但总体来说，与国际先进水平相比仍有一定差距。2014年，合成氨、墙体材料、乙烯、原油加工、铜冶炼单位能耗仍然较国际先进水平分别高出55.6%、51.3%、29.7%、27.4%、16.7%。根据我国2014年能耗水平以及国际先进水平测算，我国工业领域十三个产品生产的节能潜力约3.28亿tce。

## 一、节能形势

### （一）“十二五”节能减排目标超前完成

我国政府在“十二五”规划纲要、《“十二五”节能减排综合性工作方案》中提出了“十二五”节能减排约束性目标，明确提出到2015年，全国单位GDP能耗比2010年下降16%，“十二五”期间实现节约能源6.7亿tce。“十二五”前三年，我国能耗强度分别下降2.0%、3.6%和3.7%，仅完成五年任务的56.3%，要实现“十二五”节能减排目标任务，后两年单位GDP能耗须年均降低3.9%以上。而2014、2015年节能减排进度超预期，成效显著，2014年单位GDP能耗强度下降4.67%，2015年上半年又下降了5.9%，远高于前三年平均降幅。2014年是节能减排工作转折性的一年，研究2014

年以来的节能工作具有重要意义，对实现“十三五”节能目标有参考价值。

虽然总体上各产品能耗下降显著，但 2014 年合成氨、炼油等产品单位能耗不降反升，节能减排任务仍然艰巨。合成氨单位能耗由 1532kgce/t 上升为 1540kgce/t；炼油综合能耗由 2013 年的 92.9kgce/t 上升为 2014 年的 93.0kgce/t。

（二）能源生产以煤为主，大量燃煤导致大气环境恶化

可再生能源开发利用迅猛增长，但是我国能源生产仍然以煤为主。2014 年一次电力及其他能源占全国能源生产总量的 13.7%，比上年提高 1.9 个百分点，原煤占能源生产总量的比重比上年下降 2.2 个百分点，为 73.2%。另外，原油占能源生产总量比重为 8.4%，天然气占 4.8%❶。

我国能源消费以煤为主，远高于世界平均水平，能源消费产生的污染仍然严重。我国煤炭消费占 66.0%，美国煤炭占能源消费的 19.7%，欧盟占 16.7%，日本占 27.7%，OECD 国家占 19.1%，世界平均值为 30.0%。以煤为主的能源消费结构对大气环境带来较大影响。单位热值煤炭燃烧排放的 $CO_2$ 比石油多 27%，比天然气多 64%。燃煤带来 $CO_2$、$SO_2$、氮氧化物、烟尘等环境污染，产煤及燃煤区的大气污染较为严重，尤其是冬季采暖期污染更为严重。

我国石油消费占全国能源消费总量的比重为 17.1%，天然气占 5.7%。天然气的利用效率比煤高 30%。天然气可用于发电、中小型锅炉和民用炉灶。居民生活用天然气替代燃煤，可以取得节能和环保效益。在北京，1 亿 $m^3$ 天然气可替代 42 万 t 民用煤，节煤 30 万 t，减少 $SO_2$ 排放 7470t、烟尘 5930t、$CO_2$ 20 万 t。

---

❶ 资料来源于《2015 中国统计年鉴》。

（三）雾霾治理需要节能减排工作提速

近年来，浓重的雾霾成为中国严重的环境灾害，覆盖范围越来越广，发生频率越来越高，持续时间越来越长。2013 年 1 月，浓霾笼罩 1/4 国土，影响近 6 亿人口，北京雾霾天气肆虐 26 天。

2013 年 9 月，国务院出台治理雾霾总指南《大气污染防治行动计划》(国发〔2013〕37 号)。2014 年 1 月，环保部与 31 个省（区、市）签署《大气污染防治责任书》，立下军令状。到 2017 年，京津冀 PM2.5 平均浓度比 2012 年下降 25%，山西、山东、上海、江苏、浙江下降 20%，广东、重庆下降 15%。

2014 年，实施大气质量新标准的 74 个城市，PM2.5 年均浓度下降 11.1%，京津冀下降 12.3%，长三角下降 10.4%，珠三角下降 10.6%。2014 年，北京 PM2.5 浓度降至 85.9μg/$m^3$，2015 年上半年为 77.7%，下降 9.5%。虽然有一定改善，但雾霾天气仍然频繁出现，尤其在进入供暖季后。2015 年 11 月，辽宁遭遇严重雾霾污染，呼吸科就诊病人显著增加，局部突破 1400μg/$m^3$，而世界卫生组织推荐的 PM2.5 日均浓度标准为 25～75μg/$m^3$。雾霾治理是一个系统的长期的过程，需坚持加强节能减排。

（四）我国面临气候变化的挑战较大

随着全球 $CO_2$ 排放总量的持续上升，碳排放空间进一步压缩，世界各国在国际谈判中围绕发展权和排放空间的争夺日趋激烈。据英国石油公司统计，2013 年中国 $CO_2$ 排放量约占当年全球 $CO_2$ 排总量的 27%，虽然中国的人均累积排放远低于发达国家的水平，但围绕中国的减排问题已成为国际的热点。

作为一个负责任的大国，中国于 2009 年提出到 2020 年单位 GDP $CO_2$ 排放较 2005 年下降 40%～45%的目标，并承诺非化石能源占一次能源消费的比重达到 15%。2014 年 11 月，在 APEC 会议期间签署的

《中美气候变化联合声明》中，进一步提出将在2030年左右$CO_2$排放达到峰值，非化石能源占一次能源消费比重提高到20%左右。

（五）能源对外依存度不断提高

能源对外依存度不断提高，意味着面临更大的供应风险、价格风险，以及地缘政治风险和外交风险，值得高度警惕。我国是能源净进口国，尤其石油、天然气需要大量净进口。

2014年，原油进口量达30 831万t，出口60万t，净进口量30 776万t，消费量51 900万t，对外依存度为59.3%。预计2020年对外依存度可能超过70%。而2000年中国原油进口量为7027万t，对外依存度为26.4%，近年来原油对外依存度显著增加。

2014年，天然气（管输气加液化天然气）进口达583.5亿$m^3$，出口25.1亿$m^3$，净进口量557.8亿$m^3$，消费量1820亿$m^3$，对外依存度达30.6%。而2008年，天然气进口量46.4亿$m^3$，出口量32.5亿$m^3$，净进口量13.9亿$m^3$，近年来进口量和净进口量增长非常迅速。

2014年，煤炭进口量达29 122万t，出口量574万t，净进口量28 948万t，消费量41 210万t，进口对外依存度为6.9%。而2000年中国进口煤炭202万t，近年来煤炭进口量激增，主要原因是近年来东南沿海地区进口煤价低于国产煤，以及煤炭进口零关税。

（六）我国走资源消耗低、环境污染少的新型工业化道路

2014年，第二产业增加值占国内生产总值的比重为42.7%，比2013年降低1.2个百分点，持续低于第三产业增加值比重。工业增加值占国内生产总值的比重为35.9%，比上年降低1个百分点，近十年来持续下降。

目前，我国处于工业化中后期，工业化进程处于加速发展阶段。未来推动工业化进程和工业现代化仍然是我国经济发展的根本任务，工业经济增长将从以数量扩张为主逐步转向以质量提高为主。我国走

新型工业化道路，坚持以信息化带动工业化，以工业化促进信息化，实现科技含量高、经济效益好、资源消耗低、环境污染少、人力资源优势的工业化发展。

（七）新型城镇化促进电气化水平提升

按照常住人口计算，2014 年全国城镇化率为 54.77%。我国城镇化率远低于发达国家的 70%～80%的水平，而且低于相同发展水平国家的城镇化率。对照“S”形城镇化发展曲线，我国城镇化水平正处于较快提升期，相对而言，中西部地区的城镇化潜力更大，增长更快。城镇化是扩大内需的最大潜力所在，被视为中国经济新一轮增长的最大引擎。东部地区的大气污染和其他环境问题，也增强了加快产业结构调整和转移的紧迫性，有利于中西部地区城镇化步伐加快，为东部地区产业转移和农业人口就地市民化提供载体，进而促进地区经济快速发展。

## 二、节能政策与措施

（一）出台行业发展规划，促进产业健康迅速发展

随着“十二五”节能减排目标的颁布，政府不断加大节能减排力度，2014 年颁布的《国家应对气候变化规划（2014－2020）》指出到 2020 年实现单位国内生产总值 $CO_2$ 排放比 2005 年下降 40%～45%、非化石能源占一次能源消费的比重达到 15%左右等目标；2015 年 4 月，国家能源局发布国家出台了《煤炭清洁高效利用行动计划（2015－2020 年）》等发展规划，促进产业健康迅速发展。根据该行动计划，未来将构建清洁、高效、低碳、安全、可持续的现代煤炭清洁利用体系，预计到 2017 年，全国原煤入选率达到 70%以上；现代煤化工产业化示范取得初步成效，燃煤工业锅炉平均运行效率比 2013 年提高 5 个百分点。

（二）以价控耗，通过电价杠杆控制能耗、排放以及过剩产能

2014 年 5 月，国务院印发了《2014－2015 年节能减排低碳发展

行动方案》，指出国家将严格清理地方违规出台的高耗能企业优惠电价政策。落实差别电价和惩罚性电价政策，节能目标完成进度滞后地区要进一步加大差别电价和惩罚性电价执行力度。对电解铝企业实行阶梯电价政策，并逐步扩大到其他高耗能行业和产能过剩行业。根据这一方案，国家发展改革委出台了脱硫脱硝除尘环保电价、油品质量升级价格政策、阶梯电价水价气价、电解铝行业差别电价等一批价格政策，要求各地结合实际落实到位，这在很大程度上发挥了经济政策在节能减排领域的重要作用。

同月，国家发展改革委、工业和信息化部、质检总局发布《关于运用价格手段促进水泥行业产业结构调整有关事项的通知》（发改价格〔2014〕880号），为了提高能源资源利用效率，改善环境，决定运用价格手段加快淘汰水泥落后产能，要求对淘汰类水泥熟料企业生产用电实行更加严格的差别电价政策，对其他水泥企业生产用电实行基于能耗标准的阶梯电价政策。

（三）实施煤炭资源税费改革，体现资源稀缺成本

2014年10月9日，财政部、税务总局联合发布了《关于实施煤炭资源税改革的通知》，经国务院批准，自2014年12月1日起在全国范围内实施煤炭资源税从价计征改革，同时清理相关收费基金。煤炭资源税实行从价定率计征。煤炭应税产品包括原煤和以未税原煤加工的洗选煤，煤炭资源税税率幅度为2%～10%。具体适用税率由省级财税部门在上述幅度内，根据本地区清理收费基金、企业承受能力、煤炭资源条件等因素提出建议，报省级人民政府拟定，现行税费负担较高的地区要适当降低负担水平，该通知同时也规定了减免税率的使用范围。

我国资源税开征于1984年，资源税改革目的在于反映资源真实价值，体现资源稀缺成本，从而有效降低主要污染物排放、单位

GDP能耗和能源消耗总量，提高能源利用效率。多年来，我国煤炭资源税实行从量定额计征，计税依据缺乏收入弹性，调节机制不灵活，且存在费重税轻、税费结构不合理、重复征收等问题。这次改革有利于完善资源产品价格形成机制，促进资源合理开采利用，加快经济发展方式转变。

（四）制定强制性标准，促进提升能源效率、减少污染物排放

国家新推出一系列污染物排放标准，对节能减排工作的开展起到了积极的推动作用。2014年7月1日起实行《锅炉大气污染物排放标准》(GB 13271—2014)、《生活垃圾焚烧污染控制标准》(GB 18485—2014)、《锡、锑、汞工业污染物排放标准》(GB 30770—2014)三项国家大气污染物排放（控制）标准[1]，可以大幅削减颗粒物（PM)、氮氧化物（$NO_x$)、二氧化硫（$SO_2$）污染，促进行业技术进步和环境空气质量改善，有效防控生活垃圾焚烧产生的环境风险。

其中新修订的《锅炉大气污染物排放标准》增加了燃煤锅炉氮氧化物和汞及其化合物的排放限值，规定了大气污染物特别排放限值，取消了按功能区和锅炉容量执行不同排放限值的规定以及燃煤锅炉烟尘初始排放浓度限值，提高了各项污染物排放控制要求，同时规定环境影响评价文件的要求严于本标准或地方标准时，按照批复的环境影响评价文件执行。执行新标准后，近八成的工业燃煤锅炉都将受到影响，锅炉排放的颗粒物将削减66万t，二氧化硫将削减314万t。

同时国家还加强修订产品能源消耗标准。《铁合金单位产品能源消耗限额》（GB 21341—2008）强制性标准曾发布于2008年，对铁合金行业提升能源效率，推动转型升级起到了积极作用。但是，铁合金行业依然存在能源计量统计基础薄弱、能耗限额指标核算不规范、

---

[1] 中国国家标准化管理委员会 http：//www.sac.gov.cn/。

落后机电设备仍在使用等问题，企业未能充分履行贯彻强制性能耗限额标准的法定义务，强制性标准应有的作用未能充分发挥。因此，2014年2月，工业和信息化部、质检总局、国家标准委发布了《关于印发电石、铁合金行业能耗限额标准贯彻实施方案的通知》（工信部联节〔2014〕78号），要求各省级工业和信息化主管部门要组织节能监察机构在对电石、铁合金企业能源计量器具配备、能耗限额标准执行等情况企业自查、地方核查基础上，落实电石、铁合金行业贯标实施方案进度任务，督促企业按期完成整改，及时组织复查，重点监察各项整改措施完成情况、能耗达标情况。

（五）大幅上调排污费，推进“费改税”，增强法律效力及征收力度

2003年7月1日起施行的排污收费标准，废气排污费按排污者排放污染物的种类、数量以污染当量计算征收，每一污染当量征收标准为0.6元。对难以监测的烟尘，按林格曼黑度❶征收排污费。每吨燃料的征收标准为：1级1元、2级3元、3级5元、4级10元、5级20元。污水排污费按排污者排放污染物的种类、数量以污染当量计征，每一污染当量征收标准为0.7元。

据环保部统计，2014年全国排污费解缴入库户金额186.8亿元，比上年降低8.8%；排污费解缴入库户数为31.8万户，比上年下降9.8%❷。不难看出十年以前制定的排污收费标准和收缴难度已经很难胜任以成本控排污、以成本促革新的目的。

2014年9月1日，国家发展改革委、财政部、环保部联合发布《关于调整排污费征收标准等有关问题的通知》，要求到2015年6月底前，将二氧化硫和氮氧化物排污费征收标准调整至不低于每污染当

❶ 林格曼黑度就是用视觉方法对烟气黑度进行评价的一种方法，共分为六级，分别是0、1、2、3、4、5级，5级为污染最严重。

❷ 数据来自《全国环境统计公报（2014年）》和《全国环境统计公报（2013年）》。

量 1.2 元；污水中的化学需氧量、氨氮和五项主要重金属（铅、汞、铬、镉、类金属砷）污染物排污费征收标准调整至不低于每污染当量 1.4 元。调整后的收费标准比原标准高了 1 倍，排污费标准的提高将为国家从“排污费”到“费改税”提供良好的过渡。

根据党的十八届三中全会提出的环境保护费改税要求，为促进形成节约能源资源、保护生态环境的产业结构、发展方式和消费模式，财政部、税务总局、环保部起草了《中华人民共和国环境保护税法（征求意见稿）》（以下简称征求意见稿）。2015 年 6 月 10 日发布的征求意见稿提出，征税对象分为大气污染物、水污染物、固体废物和噪声等四类，税额标准与现行排污费的征收标准基本一致，并指出在该法施行后，对依照该法规定征收环境保护税的，不再征收排污费。

（六）发展绿色金融，减轻企业节能成本，助力节能减排工作

2015 年 9 月，中共中央、国务院印发《生态文明体制改革总体方案》，首次明确提出建立我国绿色金融体系，预计未来几年将迎来绿色金融的快速发展时期。方案要求推广绿色信贷，研究采取财政贴息等方式加大扶持力度，鼓励各类金融机构加大绿色信贷的发放力度，明确贷款人的尽职免责要求和环境保护法律责任。加强资本市场相关制度建设，研究设立绿色股票指数和发展相关投资产品，研究银行和企业发行绿色债券，鼓励对绿色信贷资产实行证券化。支持设立各类绿色发展基金，实行市场化运作。建立上市公司环保信息强制性披露机制。完善对节能低碳、生态环保项目的各类担保机制，加大风险补偿力度。在环境高风险领域建立环境污染强制责任保险制度。建立绿色评级体系以及公益性的环境成本核算和影响评估体系。积极推动绿色金融领域各类国际合作。

碳金融方面，主要依托 CDM 交易机制下的碳排放权交易，相继成立了天津排放权交易所（2008 年）、北京环境交易所（2008 年）、

深圳排放权交易所（2010 年）、上海能源环境交易所（2011 年），并推进北京、天津、上海、重庆、广东、湖北、深圳等为碳排放权交易试点省市。2015 年 2 月 5 日，国家发展改革委有关官员表示，我国将在 2016 年启动全国碳市场，主要包括电力、冶金、有色金属、建材、化工五个传统制造业和航空服务业的年排放量大于 2.6 万 t 的企业，碳市场排放量可能涉及 30 亿～40 亿 t，如果仅考虑现货，交易额预计可达 12 亿～80 亿元；如果进一步考虑期货，交易额和活跃性都将大幅度增加，交易金额将达 600 亿～4000 亿元。可见，我国发展碳交易市场潜力巨大、前景乐观[1]。

（七）淘汰落后产能，提高产业集中度、提高整体能源利用效率

工业和信息化部下达了 2014 年 16 个工业行业共计 1300 余家用能企业淘汰落后产能目标任务，具体为：炼铁 1990 万 t、炼钢 2700 万 t、焦炭 1200 万 t、铁合金 234.3 万 t、电石 170 万 t、电解铝 42 万 t、铜（含再生铜）冶炼 51.2 万 t、铅（含再生铅）冶炼 11.5 万 t、水泥（熟料及磨机）9300 万 t、平板玻璃 3500 万重量箱、造纸 265 万 t、制革 360 万标张、印染 10.84 亿 m、化纤 3 万 t、铅蓄电池（极板及组装）2360 万 kV·A·h、稀土（氧化物）10.24 万 t。

从行业角度看，2014 年与 2013 年淘汰落后产能数量在减少。2014 年淘汰落后和过剩产能任务共涉及 16 个行业，2013 年是 19 个行业，比 2013 年减少 3 个行业，2014 年取消了电解锌、酒精、味精、柠檬酸 4 个行业淘汰任务，增加稀土（氧化物）行业的 10.24 万 t 淘汰任务；对黑色金属淘汰力度加大，2014 年淘汰炼铁产能 1900 万 t、炼钢产能 2870 万 t，而 2013 年淘汰炼铁产能仅有 263 万 t、炼钢产能 781 万 t；

[1] 王超瑛，甘爱平，我国统一碳交易市场建设中存在的问题及对策，对外经贸，2015 年第 8 期。

对有色金属行业的部分产品，2014 年淘汰落后产能目标下降，铜冶炼行业和铅冶炼行业的产能均比去年减少 15.3 万 t 和 76.4 万 t。

2014 年中国淘汰落后炼钢产能 3110 万 t、水泥 8100 万 t、平板玻璃 3760 万重量箱，超过 2014 年淘汰落后产能任务。2014 年钢铁、水泥等 15 个重点行业淘汰落后产能年度任务如期完成❶。

（八）规范项目管理，推进可再生能源消纳

国家能源局于 2013 年 11 月 18 日发布了《关于分布式光伏发电项目管理暂行办法的通知》（国能新能〔2013〕433 号），明确了分布式光伏发电项目从规模管理、项目备案、建设条件、电网接入和运行、计量与结算到产业信息监测等全过程的管理细则。标志着我国分布式光伏纲领性政策基本确定，是推进分布式光伏发展道路上的又一重大举措。

国家能源局于 2014 年 3 月 12 日印发了《国家能源局关于做好 2014 年风电并网消纳工作的通知》（国能新能〔2014〕136 号），加强重点地区的风电调度管理和并网消纳，提出了河北省要继续加快张家口地区与京津唐电网和河北南网的输电通道建设，力争年底前投入运行；吉林省要有效深挖调度潜力，妥善处理供暖和发电关系，确保 2014 年度风电利用小时数达到 1800h。鼓励积极推动中东部及南方地区分散风资源建设，各地区应以本地电网就近消纳为原则，确定项目建设规模和时序。

国家发展改革委于 2014 年 12 月 31 日发布《关于适当调整陆上风电标杆上网电价的通知》（发改价格〔2014〕3008 号），决定适当调整新投陆上风电上网标杆电价，对陆上风电继续实行分资源区标杆上网电价政策，将第Ⅰ类、Ⅱ类和Ⅲ类资源区风电标杆上网电价每千瓦时降低 2 分钱，第Ⅳ类资源区维持现行每千瓦时 0.61 元不变。

❶ 十二届全国人大三次会议政府工作报告。

（九）政府节能采购起引导、示范作用

政府采购是指各级政府机关、事业单位和团体组织使用财政性资金进行的采购活动。耗能产品采购在政府机构开支中占很大比重。政府采购对激励节能产品的生产和销售起很大作用，对节能减排起引导、示范作用。2007 年 7 月，我国建立政府强制采购节能产品制度。节能产品政府采购清单由财政部、国家发展改革委从节能产品认证机构认证的节能产品中，根据节能性能、技术水平和市场成熟程度等因素择优确定。节能产品政府采购清单明确规定政府优先采购和强制采购的节能产品类别。目前，列入节能产品政府采购清单的节能产品共有 1.5 万种，包括空调、照明产品、计算机、显示器、打印机、复印机、公务用车等。空调、照明产品、电视机、电热水器、计算机、显示器、便器、水嘴等产品均为政府强制采购节能产品。2014 年，全国政府采购金额为 17 305 亿元，占政府财政支出的 11.4%，占 GDP 的 2.7%，其中强制和优先采购节能产品 2100 亿元，占同类产品的 87.1%；强制和优先采购环保产品 1762.4 亿元，占同类产品的 75.3%。节能和环保产品采购金额分别比 2013 年增长 5.6%和 14.2%。

（十）利用“互联网＋”促进节能减排

大数据、云计算、物联网、移动终端等技术的广泛应用，使得互联网思维成为推动当前经济社会变革的重要思维方式。2015 年 3 月，李克强总理在政府工作报告中首次提出“互联网＋”行动计划，推动移动互联网、云计算、大数据、物联网等与现代制造业结合。7 月 4 日，国务院印发关于积极推进“互联网＋”行动的指导意见。“互联网＋”已经成为各行各业再造业务流程、重构客户关系、提升客户价值、实现多赢的重要工具平台。

应用工业互联网，有利于企业能源精细管理，提高能源效率；应该物联网技术的车联网，对节能减排和行车安全有很大的促进作用，有利于降低车辆油耗和减少$CO_2$排放量。到2015年9月1日，全国已建成高速公路不停车收费系统（ETC）专用车道1.1万多条，用户2105万，覆盖高速公路里程近90%，有利于节省燃油消耗。

## 三、节能节电成效

本报告分析测算了2014年我国全社会节能量和节电量，其中节电量是节能量的一部分。2014年，随着各项节能法律、法规以及政策措施的实施，我国节能工作取得积极进展，主要表现在全国单位GDP能耗和电耗双降，各地区单位GDP能耗和电耗呈现不同下降趋势；部分高耗能产品单位能耗和电耗明显下降，与国际先进水平的差距进一步缩小。

### （一）全国单位GDP能耗和电耗双双显著下降

**全国单位GDP能耗保持加速下降态势**。2014年，全国单位GDP能耗为0.765tce/万元（按2010年价格计算，下同），比上年下降4.67%，与2010年相比累计下降13.3%。自2006年以来，我国单位GDP能耗一直呈下降趋势，其中2010、2011、2012、2013年分别下降1.7%、2.0%、3.6%、3.7%，下降速度呈现逐年加快的态势。

**全国单位GDP电耗同比下降，下降速度也显著加快**。2014年，全国单位GDP电耗999 kW•h/万元，比上年下降2.84%，与2010年相比累计下降2.53%。“十一五”以来，我国单位GDP电耗水平呈波动变化趋势。其中，2006、2007年比上年分别上升2.56%和1.88%，2008、2009年分别下降7.53%和2.88%，2010、2011年分别上升4.91%和2.44%，2012年以来又呈现下降趋势。

### （二）单位产品能耗和电耗普遍下降，但与国际先进水平相比仍有一定差距

**全国工业产品能耗普遍下降**。2014年，乙烯综合能耗、电石电耗、铜冶炼综合能耗、钢可比能耗、烧碱综合能耗、建筑陶瓷综合能

耗下降明显，比上年分别下降了7.2%、4.4%、3.7%、2.7%、2.6%、1.4%。部分企业产品能耗水平已经达到国际先进水平，例如中国石化武汉分公司年产80万t的乙烯装置，通过改进裂解炉技术、采用低能耗乙烯分离技术，能耗已达到国际同类装置先进水平；超超临界火力发电技术等清洁火力发电技术快速发展，2014年，中国在运行的百万千瓦超超临界发电机组已经有68台，超过其他国家的总和，上海外高桥三厂的百万千瓦超超临界机组平均供电煤耗为279.39gce/（kW•h)，净效率达44%，已达到国际先进水平。

**我国高耗能行业节能潜力巨大**。尽管2014年工业产品能耗普遍下降，但整体来说，与国际先进水平相比仍有一定差距。根据我国2014年能耗水平以及国际先进水平测算，我国工业领域十三个产品生产的节能潜力约3.28亿tce，其中电力、建筑陶瓷、合成氨、钢、墙体材料、水泥、炼油分别约17 475万、3683万、3135万、2808万、1845万、1486万、1006万tce。我国高耗能产品能耗及国际比较，见表0-0-1。

**表0-0-1 高耗能产品能耗及国际比较**

| 产品能耗 | 我国 | | 国际先进水平 | 2014年我国产量 | | 节能潜力（万tce） |
|---|---|---|---|---|---|---|
| | 2013年 | 2014年 | | 数值 | 单位 | |
| 火电发电煤耗[gce/（kW•h)] | 303 | 300 | 263 | 41 731 | 亿kW•h | |
| 火电供电煤耗[gce/（kW•h)] | 321 | 319 | 275 | 39 715 | 亿kW•h | 17 475 |
| 钢可比能耗（kgce/t) | 662 | 644 | 610 | 8 | 亿t | 2808 |
| 电解铝交流电耗（kW•h/t) | 13 740 | 13 596 | 12 900 | 2438 | 万t | 509 |
| 铜冶炼综合能耗（kgce/t) | 436 | 420 | 360 | 796 | 万t | 48 |

续表

| 产品能耗 | 我国 | | 国际先进水平 | 2014年我国产量 | | 节能潜力（万 tce） |
|---|---|---|---|---|---|---|
| | 2013年 | 2014年 | | 数值 | 单位 | |
| 水泥综合能耗（kgce/t） | 125 | 124 | 118 | 25 | 亿 t | 1486 |
| 墙体材料综合能耗（kgce/万块标准砖） | 449 | 454 | 300 | 11 980 | 亿块标准砖 | 1845 |
| 建筑陶瓷综合能耗（kgce/$m^2$） | 7.1 | 7 | 3.4 | 102 | 亿 $m^2$ | 3683 |
| 平板玻璃综合能耗（kgce/重量箱） | 15 | 15 | 13 | 8 | 亿重量箱 | 159 |
| 原油加工综合能耗（kgce/t） | 94 | 93 | 73 | 50 300 | 万 t | 1006 |
| 乙烯综合能耗（kgce/t） | 879 | 816 | 629 | 1697 | 万 t | 317 |
| 合成氨综合能耗（kgce/t） | 1532 | 1540 | 990 | 5700 | 万 t | 3135 |
| 烧碱综合能耗（kgce/t） | 972 | 947 | 910 | 3059 | 万 t | 113 |
| 电石电耗（kW•h/t） | 3423 | 3272 | 3000 | 2548 | 万 t | 208 |
| **合计** | | | | | | **32 790** |

**注** 1. 国际先进水平是居世界领先水平的几个国家的平均值。
2. 中外历年产品综合能耗中，电耗均按发电煤耗折算标准煤。
3. 煤炭开采和洗选电耗国际先进水平为美国。
4. 油气开采综合能耗国际先进水平为壳牌和英国石油公司。
5. 火电厂发电煤耗和供电煤耗我国为6MW以上机组，国际先进水平发电煤耗为日本9大电力公司平均值，供电煤耗为意大利。油、气电厂的厂用电率和供电煤耗较低。由于日本、意大利的燃气机组比重较高，而我国煤电比重较高。火电节能潜力按照可比数据测算。
6. 我国钢可比能耗为大中型企业，2014年大中型企业产量占全国的80.6%，国际先进水平为日本。
7. 水泥综合能耗按熟料热耗加水泥综合电耗计算，电耗按当年发电煤耗折算标准煤。国际先进水平为日本。

8. 墙体材料综合能耗国际先进水平为美国。
9. 中国乙烯生产主要用石脑油作原料，乙烯综合能耗国际先进水平为中东地区，主要用乙烷作原料。
10. 我国合成氨综合能耗是以煤、油、气为原料的大、中、小型企业的平均值。国际先进水平为美国，天然气占原料的98%。
11. 2014年建筑陶瓷、烧碱、纸和纸板综合能耗为估计。

数据来源：国家统计局；工业和信息化部；中国煤炭工业协会；中国电力企业联合会；中国钢铁工业协会；中国有色金属工业协会；中国建筑材料工业协会；中国建筑陶瓷工业协会；中国化工节能技术协会；中国造纸协会；中国化纤协会；日本能源经济研究所，日本能源和经济统计手册2014年版；日本钢铁协会；韩国钢铁协会；日本水泥协会；日本能源学会志；IEA，Energy Statistics of OECD Countries。

### （三）可再生能源利用规模快速增长

中国已经建成的±800kV特高压直流输电线路输送容量总计2690万kW，总长7119km。2015年6月3日，酒泉—湖南±800kV特高压直流输电工程开工，全长2383km，输送容量800万kW。特高压线路有利于将三北地区的可再生能源及西南地区的水电资源，输送到中东部负荷中心。

2014年，中国风力发电装机容量11 460万kW，为2005年的94倍，占全球装机容量的31%。我国光伏发电装机容量为2805万kW，为2005年的401倍；光伏电池产量3300万kW，占全球的73%；太阳能热水保有量48.1Mtce，为2005年的5.2倍；太阳能热水产量5240万$m^2$，占全球的76%。地热直接利用量（地源热泵和地热采暖）为17.6Mtce。农村沼气利用量为160亿$m^3$。除光伏发电装机容量外，各项利用规模均居世界首位。

### （四）节能节电成效

**（1）节能量。**

2014年与2013年相比，我国单位GDP能耗下降实现全社会节能量20 868万tce，占能源消费总量的4.90%，可减少$CO_2$排放

46 185万 t，减少 $SO_2$ 排放 97 万 t，减少氮氧化物排放 102 万 t。

全国工业、建筑、交通运输部门合计现技术节能量至少 7626 万 tce，占全社会节能量的 36.5%，其中工业部门实现节能量 3567 万 tce，占全社会节能量 17.1%，仍是节能的重要领域；建筑部门实现节能量 2537 万 tce，占 12.2%；交通运输部门实现节能量 1522 万 tce，占 7.3%。

**(2) 节电量**。

2014 年与 2013 年相比，我国工业、建筑、交通运输部门合计实现节电量 1885.3 亿 kW·h。其中，工业部门节电量约为 646.7 亿 kW·h，建筑部门节电量 1237.0 亿 kW·h，交通运输部门节电量至少 1.56 亿 kW·h。

节电在节能工作中贡献较大。2014 年，通过节电而实现的节能量占社会技术节能量的比重约 78.9%。按照供电煤耗 319gce/(kW·h) 来测算，节电量可减少 $CO_2$ 排放 1.3 亿 t，减少 $SO_2$ 排放 27.9 万 t，减少氮氧化物 29.3 万 t。

## 四、节能工作展望

### (一)“十三五”节能目标将提出更高要求

2014 年 11 月，国务院办公厅发布《能源发展战略行动计划(2014—2020 年)》，正式提出了中期能源消费及煤炭消费总量的双控目标，即到 2020 年，一次能源消费总量控制在 48 亿 tce 左右，煤炭消费总量控制在 42 亿 t 左右。2020 年能源消费总量控制目标的提出，是经济社会可持续发展的客观需要，给“十三五”的节能目标提出了更高的要求。

### (二) 生态环境恶化倒逼经济发展方式转变

大气、水、土地污染严重，PM2.5 已成为中国的一个严重环境灾害。2013 年 1 月北京雾霾天气持续肆虐将近一个月，1 月 12 日

PM2.5浓度高达786μg/m³，比世界卫生组织确定的日均浓度安全水平高30倍。专家认为，中国要到2030年环境才能停止恶化，北京PM2.5浓度要到2030年才能达标。同时，中国作为世界第二大经济体，世界第一的碳排放大国，应对气候变化的国际压力将在较长时间里存在。

（三）城镇化推动能源需求增加，节能减排仍需坚持

未来我国城镇化将较快推进。结合十八大提出的目标和新型城镇化规划等，预计2020、2030年我国城镇化率将达到60%、70%左右，比2014年提高5.2、15.2个百分点。这对我国城市的格局、功能和规模都将带来新的变化，围绕中心城市的公共交通设施、商业网点、教育机构和新型社区将得到快速发展，预计电气化水平将大幅度提升，能源电力刚性需求增加。

（四）加快推进新型工业化，加快资源消耗低工业发展

2020年之前，我国处于新型工业化加快推进阶段，实现科技含量高、经济效益好、资源消耗低、环境污染少、人力资源优势的工业化发展，我国将处于人均GDP从5000美元到10 000美元的倍增期间，能源电力需求增长的空间大、刚性强。

发达国家在工业化结束时的人均钢铁蓄积量和人均铝蓄积量分别为7～10t和300kg，目前，我国人均钢铁蓄积量为6t左右，按照近几年的消费量测算，未来5年左右即可达到饱和；人均铝蓄积量为150kg左右，未来5～10年即可达到饱和。受欧债危机蔓延、发达国家“再工业化”等国际环境为诱因，钢铁等黑色金属、电解铝等有色金属、水泥等建材产品、乙烯、烧碱、氯碱等化工产品的生产在未来一定时期内可能有所降低。预计2020年钢铁、原铝、水泥等重点产品产量分别达到8.3亿t、2800万t、26亿t，分别比2010年增加30%、80%和40%，并逐步达到或

接近峰值。

产业结构调整利于节能减排。中国产业结构正在发生重大变化。2013年，第三产业产值占GDP比重达46.1%，首次超过第二产业（43.9%，其中工业37.0%，建筑业6.9%）。2014年第一季度，第三产业占比达49.0%。据国家信息中心预测，2020年第三产业占比将升至55%，第二产业降至40%，其中战略新兴产业占15%。

（五）能源生产仍然以煤为主，煤炭清洁化利用将加快发展

煤炭是我国的主体能源和重要工业原料，近年来煤炭工业取得了长足发展，煤炭产量快速增长，生产力水平大幅提高，为经济社会健康发展做出了突出贡献，但煤炭利用方式粗放、能效低、污染重等问题没有得到根本解决。未来一个时期，煤炭在一次能源消费中仍将占主导地位。

预计到2017年，全国原煤入选率达到70%以上；现代煤化工产业化示范取得初步成效，燃煤工业锅炉平均运行效率比2013年提高5个百分点。到2020年，原煤入选率达到80%以上；现役燃煤发电机组改造后平均供电煤耗低于310g/(kW·h)，电煤占煤炭消费比重提高到60%以上；现代煤化工产业化示范取得阶段性成果，形成更加完整的自主技术和装备体系；燃煤工业锅炉平均运行效率比2013年提高8个百分点；稳步推进煤炭优质化加工、分质分级梯级利用、煤矿废弃物资源化利用等的示范，建设一批煤炭清洁高效利用示范工程项目[1]。

（六）政绩考核摒弃GDP挂帅利于节能减排工作实事求是

2013年，已有70多个县市不再把GDP作为政绩考核的指标。

[1] 《煤炭清洁高效利用行动计划（2015—2020年）》。

PM2.5 列入大气污染考核指标。从 2015 年开始，碳排放纳入地方政绩考核，建立 $CO_2$ 排放强度下降目标责任评价考核制度。目标责任评价考核机制是推动节能减排工作的强有力手段。中央政府应强化对地方政府的考核，并将考核结果及时向社会公告，并落实奖惩措施。

# 节 能 篇

# 1

# 能 源 消 费

## 本 章 要 点

**(1) 我国能源消费增速明显下降**。2014年，全国一次能源消费量42.6亿tce，比上年增长2.18%，增速比上年回落1.49个百分点，占全球能源消费的比重为23%。

**(2) 一次能源消费结构中煤炭比重下降，能源结构优化取得新进展**。2014年，我国煤炭消费量占一次能源消费量的66.0%，比上年下降1.4个百分点；占全球煤炭消费总量的50.6%，与上年增加0.4个百分点。非化石能源消费量占一次能源消费量的比重达11.2%，同比提高1个百分点。

**(3) 工业用能在终端能源消费中持续占据主导地位**。2013年，我国终端能源消费量为30.76亿tce，其中，工业终端能源消费量为21.05亿tce，占我国终端能源消费量的比重为68.4%。

**(4) 优质能源在终端能源消费中的比重逐步上升，但比重仍偏低**。煤炭占终端能源消费比重持续下降，电、气等优质能源的比重逐步增加。2013年我国电力占终端能源消费的比重为20.4%，比2012年上升1.1个百分点，与日本、法国等国家相比，仍低3～5个百分点。

**(5) 人均能源消费量提高**。2014年，我国人均能耗为2807kgce，比上年增加51kgce，比世界平均水平高271kgce，但与主要发达国家相比仍有明显差距。

## 1.1 能源消费

2014 年，全国一次能源消费量 42.6 亿 tce，比上年增长 2.18%，增速比上年回落 1.49 个百分点，能源消费增速同比放缓，占全球能源消费的比重达 23%[1]。其中，煤炭消费量 28.12 亿 tce，同比增长 0.06%；石油消费量 7.28 亿 tce，增长 2.18%；天然气消费量 2.43 亿 tce，增长 9.89%。我国一次能源消费总量与构成，见表 1-1-1。

表 1-1-1 我国一次能源消费总量与构成

| 年份 | 能源消费总量（万 tce） | 构成（能源消费总量为 100） | | | |
|---|---|---|---|---|---|
| | | 煤炭 | 石油 | 天然气 | 一次电力及其他能源 |
| 1980 | 60 275 | 72.2 | 20.7 | 3.1 | 4.0 |
| 1990 | 98 703 | 76.2 | 16.6 | 2.1 | 5.1 |
| 2000 | 146 964 | 68.5 | 22.0 | 2.2 | 7.3 |
| 2001 | 155 547 | 68.0 | 21.2 | 2.4 | 8.4 |
| 2002 | 169 577 | 68.5 | 21.0 | 2.3 | 8.2 |
| 2003 | 197 083 | 70.2 | 20.1 | 2.3 | 7.4 |
| 2004 | 230 281 | 70.2 | 19.9 | 2.3 | 7.6 |
| 2005 | 261 369 | 72.4 | 17.8 | 2.4 | 7.4 |
| 2006 | 286 467 | 72.4 | 17.5 | 2.7 | 7.4 |
| 2007 | 311 442 | 72.5 | 17.0 | 3.0 | 7.5 |
| 2008 | 320 611 | 71.5 | 16.7 | 3.4 | 8.4 |
| 2009 | 336 126 | 71.6 | 16.4 | 3.5 | 8.5 |
| 2010 | 360 648 | 69.2 | 17.4 | 4.0 | 9.4 |

[1] http://www.sxcoal.com/wym/4178667/print.html，引用 BP 数据。

续表

| 年份 | 能源消费总量（万 tce） | 构成（能源消费总量为 100） | | | |
|---|---|---|---|---|---|
| | | 煤炭 | 石油 | 天然气 | 一次电力及其他能源 |
| 2011 | 387 043 | 70.2 | 16.8 | 4.6 | 8.4 |
| 2012 | 402 138 | 68.5 | 17.0 | 4.8 | 9.7 |
| 2013 | 416 913 | 67.4 | 17.1 | 5.3 | 10.2 |
| 2014 | 426 000 | 66.0 | 17.1 | 5.7 | 11.2 |

**注** 电力折算标准煤的系数根据当年平均发电煤耗计算。
数据来源：国家统计局，《2014 中国能源统计年鉴》《中国统计年鉴 2015》。

**能源消费结构中煤炭比重继续下降**。2014 年，我国煤炭占一次能源消费的比重为 66.0%，同比下降 1.4 个百分点，创历史新低；占全球煤炭消费的比重为 50.6%[1]，比上年上升 0.4 个百分点。我国是世界上少数几个能源供应以煤为主的国家之一，美国煤炭占一次能源消费的比重为 19.7%，德国为 24.9%，日本为 27.7%，世界平均为 30.0%。2014 年，我国原油消费量比重与上年相当；天然气比重上升 0.4 个百分点。非化石能源占一次能源消费的比重达 11.2%，比上年上升 1 个百分点。

## 1.2 工业占终端用能比重

工业在终端能源消费中占据主导地位。2013 年，我国终端能源消费量为 30.76 亿 tce，其中，工业终端能源消费量为 21.05 亿 tce，占终端能源消费总量的比重为 68.4%，建筑占 1.9%，交通运输占 10.6%，农业占 2.0%。我国分部门终端能源消费情况，见表 1 - 1 - 2。

[1] BP 统计数据。

表 1-1-2　　我国分部门终端能源消费结构

| 部门 | 2000年 | | 2005年 | | 2010年 | | 2012年 | | 2013年 | |
|---|---|---|---|---|---|---|---|---|---|---|
| | 消费量(Mtce) | 比重(%) | 消费量(Mtce) | 比重(%) | 消费量(Mtce) | 比重(%) | 消费量(Mtce) | 比重(%) | 消费量(Mtce) | 比重(%) |
| 农业 | 28.7 | 2.7 | 50.3 | 2.6 | 53.3 | 2.1 | 58.8 | 2.0 | 61.2 | 2.0 |
| 工业 | 718.7 | 67.7 | 1356.8 | 70.4 | 1826.5 | 70.4 | 2064.5 | 69.4 | 2104.7 | 68.4 |
| 建筑 | 18.0 | 1.7 | 29.3 | 1.5 | 45.8 | 1.8 | 51.8 | 1.7 | 57.4 | 1.9 |
| 交通运输 | 103.7 | 9.8 | 177.5 | 9.2 | 251.9 | 9.7 | 303.8 | 10.2 | 324.5 | 10.6 |
| 批发零售 | 21.6 | 2.0 | 41.1 | 2.1 | 52.9 | 2.0 | 67.9 | 2.3 | 70.6 | 2.3 |
| 生活消费 | 126.2 | 11.9 | 200.1 | 10.4 | 263.3 | 10.1 | 304.7 | 10.2 | 323.6 | 10.5 |
| 其他 | 44.8 | 4.2 | 72.6 | 3.8 | 102.0 | 3.9 | 125.4 | 4.2 | 133.6 | 4.3 |
| 总计 | 1061.7 | 100 | 1927.7 | 100 | 2595.8 | 100 | 2976.8 | 100 | 3075.5 | 100 |

**注** 1. 数据来自《中国能源统计年鉴 2014》。终端能源消费量等于一次能源消费量扣除加工、转换、储运损失，电力、热力按当量热值折算。

2. 我国统计的交通运输用油，只统计交通运输部门运营的交通工具的用油量，未统计其他部门和私人车辆的用油量。这部分用油量为行业统计和估算值。

## 1.3 优质能源比重

优质能源在终端能源消费中的比重逐步上升，但比重仍偏低。煤炭占终端能源消费比重持续下降，电、气等优质能源的比重逐步增加。2013 年电力占终端能源消费的比重为 20.4%，比 2012 年上升 1.1 个百分点[1]，高于世界平均水平，与美国相当，但比日本、法国等国家低 3～5 个百分点[2]。煤炭比重偏高的终端能源消费结构是造

[1] 数据来源于《中国能源统计年鉴 2014》。

[2] 国外数据来源于 IEA。

成我国环境污染严重的重要原因。

## 1.4 人均能源消费量

人均能耗能源消费量进一步提高。2014 年，我国人均能耗为 2807kgce，比上年增加 51kgce，比世界平均水平（2536kgce[1]）高 271kgce，但与主要发达国家相比仍有明显差距，2014 年美国、欧盟、日本分别为 10 138、4010、5110kgce。2005 年以来我国人均能耗情况，见图 1-1-1。

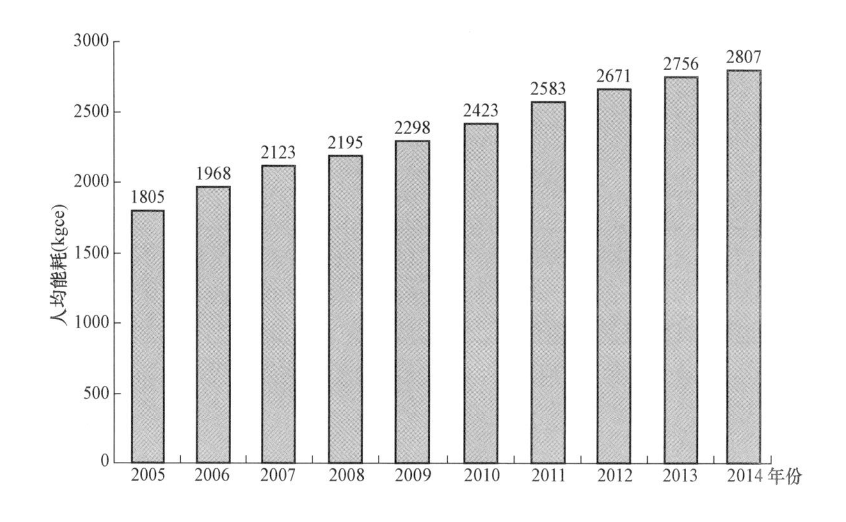


图 1-1-1　2005 年以来我国人均能耗情况

随着人均收入增加，人均能耗水平仍将逐步提高，未来我国能源消费需求将保持较快增长。

---

[1] 本小节国外数据来源于 BP。

# 2

# 工 业 节 能

## 本 章 要 点

**(1) 制造业主要产品单位能耗普遍下降**。2014年，在国家节能减排工作的大力推进下，制造业产品能耗普遍下降。其中，乙烯综合能耗为816kgce/t，比上年下降7.2%；电石电耗为3272kW·h/t，比上年下降4.4%；铜冶炼综合能耗为420kgce/t，比上年下降3.7%；钢可比能耗为644kgce/t，比上年下降2.7%；烧碱综合能耗为947kgce/t，比上年下降2.6%；建筑陶瓷综合能耗为7kgce/$m^2$，比上年下降1.4%。

**(2) 电力工业实现节能量较大**。电力工业采取的主要节能措施有优化调度提高大机组的利用小时数、优化电力结构、增加大容量、高参数、环保型机组投资、拓展发电权交易、实施电能替代工程、开拓节能服务市场、超额完成需求侧管理目标等。2014年，全国6000kW及以上火电机组供电煤耗为310gce/（kW·h），比上年下降2gce/（kW·h）；全国线路损失率为6.64%，比上年降低0.05个百分点。与2013年相比，2014年发电环节实现节能843.4万tce。综合发电和输电环节节能效果，电力工业实现节能量1028.4万tce。

**(3) 工业部门实现节能量至少3567万tce**。与2013年相比，2014年制造业14种产品单位能耗下降实现节能量约1777万tce，制造业总节能量为2538万tce。综合考虑制造业和电力工业节能量1028.4万tce，2014年工业部门实现节能量至少3567万tce。

## 2.1 综述

工业部门一直在我国能源消费中占主导位置，2013年，我国终端能源消费量为30.76亿tce，其中，工业终端能源消费量为21.05亿tce，占终端能源消费总量的比重为68.4%；建筑占1.9%；交通运输占10.6%；农业占2.0%[1]。其中，黑色金属冶炼和压延加工业、有色金属冶炼和压延加工业、非金属矿物制品业、石油加工、炼焦和核燃料加工业、化学原料和化学制品制造业等制造业与电力、煤气及水生产和供应业的终端能源消费量占工业总能耗的比重分别为23.6%、5.7%、12.6%、6.6%、15.1%、9.7%，总计约为73.3%，本书将针对这些重点行业逐一深入分析。

2014年，工业节能工作取得新进展。例如，乙烯综合能耗为816kgce/t，比上年下降7.2%；电石电耗为3272kW·h/t，比上年下降4.4%；铜冶炼综合能耗为420kgce/t，比上年下降3.7%；钢可比能耗为644kgce/t，比上年下降2.7%；烧碱综合能耗为947kgce/t，比上年下降2.6%；建筑陶瓷综合能耗为7kgce/$m^2$，比上年下降1.4%。

节能措施特点：2014年是我国节能减排的转折年，工业部门采取一系列措施，推动节能减排工作取得积极进展。工业部门节能减排通过技术创新、淘汰落后、循环利用、流程优化、产业集中、机制设计等多措并举：一是大力推动技术进步，促进生产工艺革新、技术更新、效率提升；二是淘汰落后产能，严格控制“两高”和产能过剩行业新上项目；三是着力推进工业循环经济发展和资源综合利用，实现循环发展，包括加强二次能源回收利用、大力发展再生金属产业、回收利用余热余压；四是加快节能信息化建设和能效监测，通过流程优化提高综合能效；

---

[1] 电力、热力按当量热值折算。

五是提高产业集中度，通过规模化、基地化、集约化获得能源消费规模效应；六是积极实施清洁生产和污染治理，推动清洁发展。

## 2.2 制造业节能

### 2.2.1 钢铁工业

（一）行业概述

**(1) 行业运行**。

**粗钢产量小幅增长，国内表观消费同比下降**。2014 年，全国粗钢产量 8.2 亿 t[1]，同比增长 0.9%，同比回落 6.6 个百分点。其中，重点统计钢企粗钢产量 6.6 亿 t，同比增长 1.7%，占到全国总产量的 79.9%；非重点钢企粗钢产量 1.7 亿 t，同比下降 1.8%，比重点钢企产量增速低 3.5 个百分点。2014 年我国粗钢产量占全球比重继续提高至 49.4%，同比提高 0.9 个百分点。国内粗钢表观消费 7.4 亿 t，同比下降 4%；钢材（含重复材）产量 11.3 亿 t，同比增长 4.5%，增幅同比下降 6.9 个百分点。2000 年以来我国粗钢产量及增长情况见图 1-2-1。

分地区看，2014 年全年华北地区粗钢产量 2.68 亿 t，同比下降 1.6%；华东地区粗钢产量 2.66 亿 t，同比增长 4.4%；东北地区粗钢产量 8252.5 万 t，同比增长 0.1%；华中地区粗钢产量 7856.2 万 t，同比增长 3.5%；西南地区粗钢产量 5269.3 万 t，同比下降 5.7%；华南地区粗钢产量 3817.1 万 t，同比下降 1.2%；西北地区粗钢产量 3631.5 万 t，同比增长 3.8%。

**行业效益不佳，产业集中度持续下降**。近年来钢铁行业效益不佳，企业兼并重组意愿下降。2014 年，粗钢产量前 10 家企业产量占

---

[1] 不含台湾地区钢铁企业数据，下同。

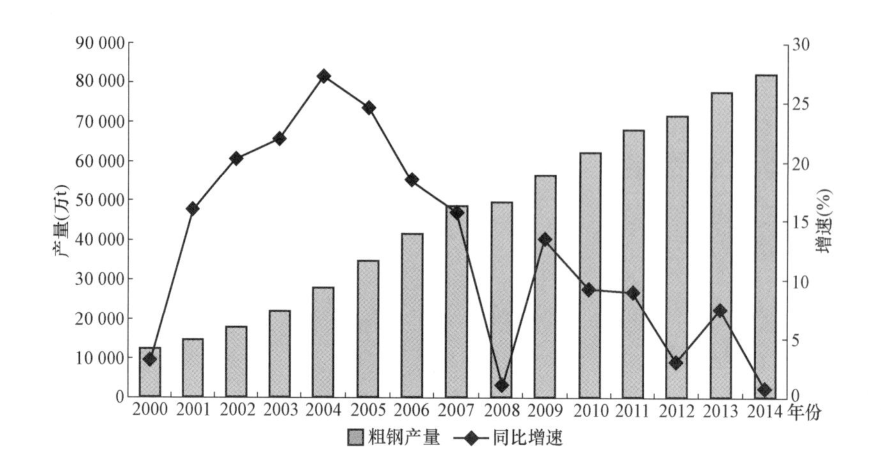


图 1-2-1 2000 年以来我国粗钢产量及增长情况

全国总产量的 36.6%，同比下降 2.8 个百分点；前 50 家占 60.2%，下降 4.1 个百分点，产业集中度持续下降。大型钢铁企业精品板材项目多为汽车板、电工钢等高端产品，已出现过剩迹象，低牌号取向电工钢、无取向电工钢及普通质量汽车板市场压力进一步加大，高端产品同质化竞争日趋加剧。

分品种看，重轨同比减少 5.3%，长材（型钢、棒材、钢筋和线材）同比增长 3%，中、厚及特厚板同比增长 9.7%，冷热轧板带同比增长 2.7%，涂镀板同比增长 12.3%，电工钢同比增长 5.1%，管材同比增长 5.4%。

**钢材出口大幅增长，产品档次有所提高**。2014 年我国出口钢材 9378 万 t，同比增长 50.5%；进口钢材 1443 万 t，增长 2.5%。我国钢材进出口量及增速年度走势见图 1-2-2。钢材净出口 7935 万 t，钢坯净进口 28.5 万 t，材坯合计折合净出口粗钢 8408 万 t，占我国粗钢总产量的 10.2%[1]。

---

[1] 工业和信息化部，2014 年度中国钢铁行业市场运行情况分析。

2014年钢铁主要的出口方向是东盟、韩国和中东，这三个区域占中国钢铁出口量的一半以上。从产品档次上看，电工钢板带、涂镀层板带、热轧合金钢板、冷轧薄宽钢带、冷轧不锈钢薄板、锅炉管高附加值产品比例有所提高。

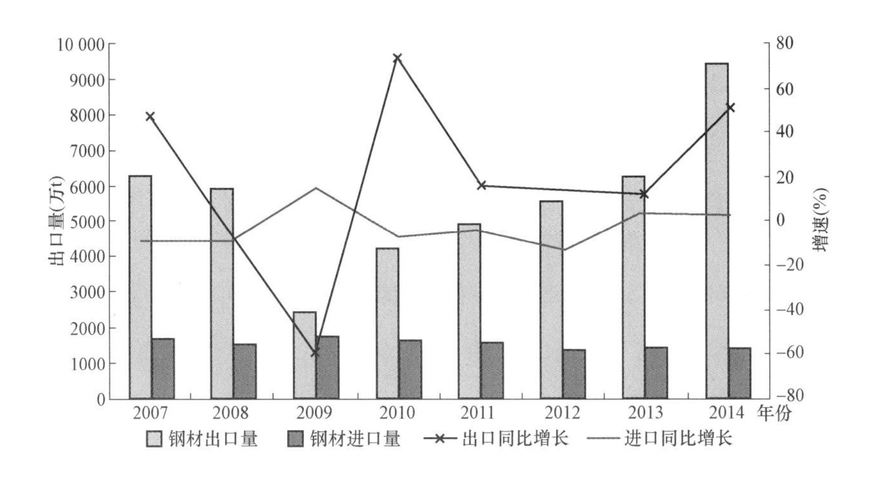


图1-2-2 我国钢材进出口量及增速年度走势

**(2) 能源消费**。

**总耗能水平负增长，吨钢能耗持续下降**。2014年，全国重点统计钢铁企业总能耗为29 973万tce[1]，同比下降0.5%，为2012年来首次下降；吨钢综合能耗585kgce/t，同比下降1.2%；吨钢可比能耗累计523kgce/t，同比下降2.7%；吨钢耗电469kW·h/t，同比增长0.1%。

**钢铁行业各项工序耗能下降，节能减排指标持续改善**。从钢铁生产工序来看，铁前工序中烧结、球团、焦化三种工序能耗分别为48.9、27.5、98.2kgce/t，分别同比放缓2.2%、3.4%和1.7%；炼铁工序能耗395.3kgce/t，同比放缓0.7%；炼钢工序能耗−9.99kgce/t，同比下降36.3%；钢加工工序能耗59.2kgce/t，同比下降0.2%。

[1] 电力按电热当量法计算。

（二）主要节能措施

**（1）加强余热余能回收利用**。

目前钢铁行业余热余能高效回收与利用技术主要包括：烧结余热资源的高效回收与利用，干熄焦技术（DCQ），高炉炉顶煤气余压发电技术（TRT），转炉负能炼钢技术，蓄热—换热联用轧钢加热炉技术，高炉渣和钢渣显热回收技术，高炉—转炉区段“界面”技术，炼钢—轧钢区段钢坯热装热送技术，以及煤气系统资源优化分配利用技术等。

重点钢铁企业高炉、转炉煤气回收利用水平提高，促进了企业节能。近年来，我国重点钢铁企业在减量化用能、提高能源利用效率、增加和有效回用二次能源等方面做了卓有成效的工作，余热余能回收率不断提高。2014 年，全国重点钢铁企业焦炉煤气放散率约为 0.6%，同比下降 0.6 个百分点；高炉煤气放散率下降 2.4%，同比下降 1 个百分点；转炉煤气回收量达到 451 亿 $m^3$，同比增长 9.1%，转炉煤气吨钢回收量 106 $m^3/t$，同比增长 5.0%❶。

**（2）推进炼铁用能结构优化**。

炼铁工序耗能占钢铁耗能的 50%以上，钢铁工业要降低吨钢综合能耗就必须要努力降低炼铁工序能耗。高炉炼铁用能主要来源有碳素（即燃料比）燃烧、热风和炉料化学反应热，三种能源占比为 78：19：3。因此，要降低炼铁工序能耗，必须降低燃料比，提升热风温度和提高高炉操作水平，而降低高炉燃料比是实现炼铁工序节能减排的重点。

炼铁生产技术进步有所提高，高炉燃料比持续下降。根据中钢协统计，2014 年高炉年平均燃料比为 513.8kg/t，同比下降 1.55kg/t；入炉焦比为 368.30 kg/t，比上年升高 0.71kg/t；喷煤比为 145.54kg/t，比上年下降 2.26kg/t；入炉矿品位为 56.50%，比上年

---

❶ 数据来源于中国钢铁工业环境保护统计月报（数据经过整理）。

升高 1.35 个百分点；热风温度为 1140.70℃，比上年升高 3.47℃；利用系数为 2.52t/（$m^3$•d），比上年下降 0.06t/（$m^3$•d）。

**(3) 加快能源管理中心建设**。

工业和信息化部发布《钢铁企业能源管理中心建设实施方案》中提出，要进一步推动以“两化”深度融合手段推动钢铁企业节能降耗，制定钢铁企业能源管理中心建设实施方案，指导企业能源管理中心建设的深度和广度，计划在 2020 年之前，建设和改造完善钢铁企业能源管理中心 100 个左右，实现在年生产规模 200 万 t 及以上的大中型钢铁企业普及能源管理中心。

能源管理是钢铁企业节能降耗的源头所在，河北省推进重点钢铁企业能源管理中心建设，利用信息化技术改造传统产业，提升管理水平，使企业节能减排水平有了突破。从项目建设实施经验看，河北钢铁集团邯钢公司，年消耗 649.1 万 tce，通过能源管理中心建设，每年可以节约 16.8 万 tce，节能量达到 2.58%；河北前进钢铁集团公司，年消耗 182.3 万 tce，通过能源管理中心建设，每年可以节约 4.3 万 tce，节能量达到 2.35%[1]。

（三）节能成效

节能环保再上新台阶，主要污染物排放和能源消耗指标均有所下降。钢铁行业全面推广烧结脱硫、能源管控等节能减排技术，节能环保效果明显。2014 年钢铁工业能源消费总量约 7.5 亿 tce[2]，全国钢铁企业吨钢综合能耗约为 913kgce/t，同比下降 1.1%；全国重点钢铁企业吨钢综合能耗为 584kgce/t[3]，同比减少 1.2%。总用水量、外排废水量、二氧化硫和烟粉尘排放均下降。历年钢铁工业的总产量、

---

[1] 数据来自河北省人民政府网站。

[2] 电力按发电煤耗法折算。

[3] 电力按电热当量法。

能源消费量、综合能耗见表1-2-1。

**表1-2-1 2010—2014年钢铁行业主要产品产量及能耗指标**

| 项目 | 2010年 | 2011年 | 2012年 | 2013年 | 2014年 |
|---|---|---|---|---|---|
| 产量（Mt） | 637.2 | 689.3 | 723.9 | 779.0 | 822.7 |
| 能源消费量（Mtce） | 605 | 649 | 674 | 719 | 751 |
| 用电量（亿kW·h） | 4708 | 5312 | 5134 | 5494 | 5579 |
| 吨钢综合能耗（kgce/t） | 950 | 942 | 940 | 923 | 913 |

**注** 综合能耗中的电耗按发电煤耗法折算标准煤，代表全国行业平均水平。
数据来源：国家统计局，《2014中国统计年鉴》；国家发展改革委；钢铁工业协会；中国电力企业联合会。

分工序能耗来看，重点统计钢铁企业烧结、球团、焦化、炼铁、转炉炼钢、电炉炼钢和钢加工等工序能耗比上年同期继续降低，各工序能耗同比下降幅度分别为2.16%、3.44%、1.72%、0.66%、36.28%、4.40%和0.24%。

从用水情况来看，2014年，重点统计钢铁企业用水744.45亿$m^3$，同比减少0.20%。其中：取新水量同比下降3.02%，重复用水量同比减少0.13%；水重复利用率为97.64%，比上年同期提高0.07个百分点；累计吨钢耗新水量同比下降4.50%。

从污染物排放来看，2014年，重点统计钢铁企业废气排放总量同比增加1.93%。外排废气中二氧化硫排放量同比减少16.63%，烟粉尘排放量同比减少8.20%。吨钢二氧化硫排放量同比减少28.48%，吨钢烟粉尘排放量同比下降3.18%。

从可燃气体利用来看，2014年，重点统计钢铁企业高炉煤气产生量同比增长0.44%，转炉煤气产生量同比增长5.30%，焦炉煤气产生量同比减少5.03%。高炉煤气利用率为97.26%，比上年同期提高0.98个百分点；转炉煤气利用率为96.77%，比上年同期提高0.08个百分点；焦炉煤气利用率为98.90%，比上年同期提高1.48

个百分点。

根据 2014 年钢铁产量测算，由于吨钢综合能耗的下降，钢铁行业 2014 年较 2013 年实现节能约 823 万 tce。

### 2.2.2 有色金属工业

有色金属通常是指除铁和铁基合金以外的所有金属，主要品种包括铝、铜、铅、锌、镍、锡、锑、镁、汞、钛等十种。其中，铜、铝、铅、锌产量占全国有色金属产量的 90％以上，被广泛用于机械、建筑、电子、汽车、冶金、包装、国防等领域。

（一）行业概述

**(1) 行业运行**。

2014 年，我国有色金属行业产品产量继续增长，增速有所放缓。全年十种有色金属产量 4417 万 t，比上年增长 7.2％，增幅下滑 2.7 个百分点。历年来十种有色金属的产量、增速见图 1－2－3。其中，精炼铜、原铝、铅、锌产量分别为 796 万 t、2438 万 t、422 万 t、583 万 t，同比增速分别为 13.8％、7.7％、－5.5％、7％，其中原铝增幅回落 2 个百分点❶。

2014 年有色金属行业工业增加值同比增长 11.4％，主营业务收入达 57 025 亿元，同比增长 8.6％。受需求不旺及美元走强等因素影响，铜、铝、铅现货年均价分别为 49 207、13 546、13 860 元/t，分别下降 7.8％、6.9％、2.7％。行业利润实现 2053 亿元，同比下滑 1.5％。其中，常用有色金属采选、冶炼分别实现利润 266 亿元和 217 亿元，同比分别下降 12.4％、13.7％，其中铝冶炼亏损 79.7 亿元，但有色金属压延加工实现净利润 894 亿元，同比增加 11.6％。压延加工已成为行业利润最大和增长最快领域。

---

❶ 产品产量数据来源于工业和信息化部。

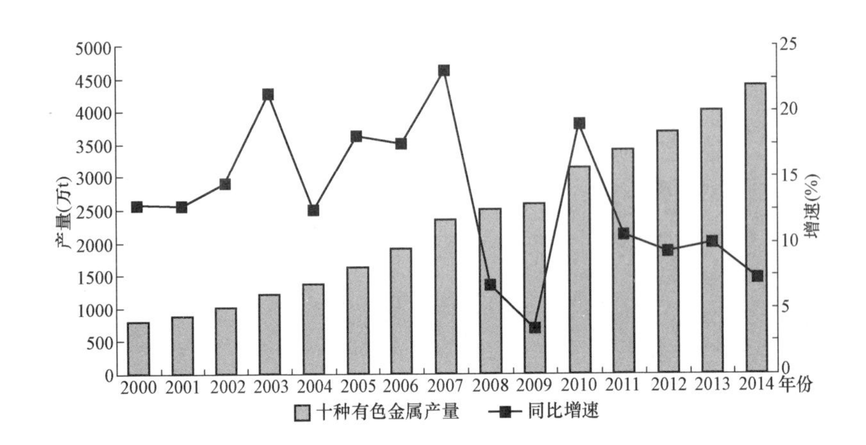


图 1-2-3 2000—2014 年有色金属主要产品产量变化

据中国有色金属工业协会统计，2014 年全年我国有色金属行业完成固定资产投资 6912.5 亿元，同比增长 4.6%，增幅回落了 15.2 个百分点。其中，铝冶炼固定资产投资 618.6 亿元，下降 17.8%；有色加工完成固定资产投资 3810.7 亿元，同比增长 15.4%。此外，有色金属行业境外投资取得新进展，山东宏桥集团等企业境外铝资源开发项目开始开工建设，中信戴卡在美投资建设铝合金车轮厂。

2014 年，受国内经济三期叠加影响，我国经济进入了中高速增长新常态，境内外市场需求不旺，经济下行压力不断加大。有色金属工业运行稳重求进，由大到强，技术装备水平显著提升，关键产品与新材料研制取得重大突破，转型升级取得积极进展，全年有色金属工业基本保持平稳运行。

**(2) 能源消费**。

有色金属是我国主要耗能行业之一，是推进节能降耗的重点行业。我国有色金属工业能源消费主要集中在矿山、冶炼和加工三大生产环节，能源消费量仍在较高基数下保持增长。根据《2014 年中国能源统计年鉴》数据，2013 年我国有色金属工业能源消费 16 325.3

万 tce，占全国能源消费总量的 3.9%，与 2012 年持平；占工业行业耗能量比重为 5.9%，比 2012 年提高 0.1 个百分点。

有色金属行业的能源消费结构以电力为主。按电热当量法计算，2013 年电能占终端能源消费总量的比重为 59.0%，比 2012 年提高了 2.2 个百分点。

从用能环节上看，有色金属行业的能源消费集中在冶炼环节，约占行业能源消费总量的 80%。其中，铝工业（电解铝、氧化铝、铝加工）占有色金属工业能源消费量的 80%左右。

（二）主要节能措施

**(1) 淘汰落后产能**。

我国有色金属行业近年来在淘汰落后生产能力方面取得了明显成效，工艺落后、能耗高的自焙槽已经淘汰。但能源消费高、环境污染大的落后生产能力仍占较大比例，尤其是铅锌冶炼行业，中小企业居多。为化解产能过剩，《工业和信息化部关于下达 2014 年工业行业淘汰落后和过剩产能目标任务的通知》（工信部产业〔2014〕148 号）要求，各省（区、市）已将 2014 年工业行业淘汰落后和过剩产能目标任务分解落实到企业，并在当地政府门户网站公告了相关企业名单。历年来有色金属行业淘汰落后产能情况见表 1-2-2。全国淘汰电解铝落后产能的历年情况是，2011 年 67 万 t，2012 年 27 万 t，2013 年 27 万 t，2014 年 50.43 万 t。2014 年铜冶炼、铅冶炼分别淘汰落后产能 73.11 万 t 和 35.60 万 t，均远远高于淘汰落后产能的任务下达量。

**表 1-2-2　2010—2014 年有色金属行业淘汰落后产能情况**　万 t

| 指标 | | 2010 年 | 2011 年 | 2012 年 | 2013 年 | 2014 年 |
|---|---|---|---|---|---|---|
| 电解铝 | 任务下达量 | 28.72 | 60.00 | 27.00 | 27.00 | 42.00 |
| | 任务完成量 | 37.80 | 63.86 | 27.00 | 27.00 | 50.43 |

续表

| 指标 | | 2010年 | 2011年 | 2012年 | 2013年 | 2014年 |
|---|---|---|---|---|---|---|
| 铜冶炼 | 任务下达量 | 11.65 | 29.10 | 70.00 | 86.00 | 51.20 |
| | 任务完成量 | 24.74 | 42.53 | 75.80 | 86.00 | 73.11 |
| 铅冶炼 | 任务下达量 | 24.29 | 58.50 | 115.00 | 96.00 | 11.50 |
| | 任务完成量 | 32.00 | 66.09 | 134.00 | 96.00 | 35.60 |
| 锌冶炼 | 任务下达量 | 11.30 | 33.70 | 32.00 | 19.00 | — |
| | 任务完成量 | 29.61 | 33.83 | 32.90 | 19.00 | — |

资料来源：工业和信息化部。

**工业和信息化部公布2014年工业行业淘汰落后和过剩产能企业名单**

按照《国务院关于进一步加强淘汰落后产能工作的通知》（国发〔2010〕7号）、《国务院关于化解产能严重过剩矛盾的指导意见》（国发〔2013〕41号）要求，依据《工业和信息化部关于下达2014年工业行业淘汰落后和过剩产能目标任务的通知》（工信部产业〔2014〕148号），工业和信息化部分别于2014年7月8日、2014年8月12日、2014年11月17日公布了三批工业行业淘汰落后和过剩产能企业名单，有关省（区、市）要采取有效措施，力争在规定时间点前关停列入公告名单内企业的生产线（设备）。

第一批名单中包括电解铝企业七家，产能共计47.85万t；铜（含再生铜）冶炼企业43家，产能共计32.46万t；铅（含再生铅）冶炼企业12家，产能共计35.6万t。第二批名单中包括铜冶炼企业一家，产能0.5万t。第三批名单中包括电解铝企业一家，产能2.58万t；铜冶炼企业一家，产能2.25万t。

资料来源：工业和信息化部。

**（2）研发和应用新技术**。

2015 年 1 月 9 日，国家科学技术奖励大会在人民大会堂隆重举行。有色金属行业 7 项成果获 2014 年度国家科学技术奖，其中，国家科技进步二等奖 5 项，国家技术发明二等奖 2 项。由中国铝业股份有限公司、东北大学等单位完成的“新型阴极结构铝电解槽重大节能技术的开发应用”等成果为行业节能减排做出了积极贡献。随着新技术的广泛推广，有色金属行业节能取得显著成效，初步统计，2014 年，全国铝锭综合交流电耗降为 13 596kW·h/t，同比下降 144kW·h/t，节电 35 亿 kW·h；铜、铅、电解锌冶炼综合能耗分别为 251.8、430.1、896.6kgce/t，同比分别下降 16.2%、6%、1%。

**（3）大力发展再生金属产业**。

有色金属材料生产工艺流程长，从采矿、选矿、冶炼以及加工都需要消耗能源。与原生金属相比再生有色金属的节能效果最为显著，再生铜、铝、铅、锌的综合能耗分别只是原生金属的 18%、45%、27%和 38%。与生产等量的原生金属相比，每吨再生铜、铝、铅、锌分别节能 1054、3443、659、950kgce。发展再生有色金属对大幅降低有色金属工业能耗具有重要意义。2010 年，国家将包括再生有色金属产业在内的资源再生利用产业列入战略性新兴产业，出台了多项支持性和规范性政策。2012 年，我国再生有色金属产业经过近十年来的持续发展，主要再生有色金属产量突破 1000 万 t，已接近我国原生有色金属产量的三分之一，工业产值超过 4000 亿元，产业规模位居世界第一。目前我国已经成为全球最大的铜铝废料进口国，贸易比例占全球有色金属废料的一半以上，跨国配置资源的国家或地区达到 80 多个。《2014 年中国再生有色金属产业报告》数据显示，2014 年我国再生金属产业总体运行情况良好，再生有色金属产业主要品种（铜、铝、铅、锌）总产量约为 1153 万 t，同比增长 7.5%，增幅高于2013年水平，其中再生铜产量约295万t，同比增长7.3%；再生铝产量约565万t，同比增长8.7%；再生铅产量约160万t，同比增长6.7%；再生锌产量约133万t，同比增长3.9%。再生铜行业平均能耗水平接近250kgce/t，再生铝达到110kgce/t，再生铅接近130kgce/t。2014年前3季度，我国再生有色金属产业与生产等量的原生金属相比，节能1650万tce，节水超过11亿$m^3$，节电510亿kW•h，减少$CO_2$排放5700万t。

**(4) 回收利用余热余压。**

有色金属冶炼工艺中存在大量300～500℃的余热资源。随着低品位余热回收利用技术的逐步成熟以及电价上涨，企业广泛采用余热锅炉回收烟气余热，取得了良好节能效果。通过二次能源回收，不仅可以实现能源的梯级和高效利用，而且可以收集高温烟气中的烟尘，回收贵金属，降低烟气含尘量。

（三）节能成效

随着铝电解节能技术广泛推广，我国电解铝单位产品电耗已经达到世界先进水平。初步统计，2014年我国铝锭综合交流电耗为13 596kW•h/t，比上年下降了144kW•h/t，比金融危机前的2007年下降了844kW•h/t，比其他国家2010年的平均电耗水平低1848kW•h/t左右。按电热当量法折算，2014年我国铜冶炼综合能耗为252kgce/t，比上年下降16.2%。2011—2014年有色金属行业主要产品产量及能耗情况，见表1-2-3。

**表1-2-3 2011—2014年有色金属行业主要产品产量及能耗指标**

| 产品 | | 2011年 | 2012年 | 2013年 | 2014年 |
|---|---|---|---|---|---|
| 产量（Mt） | 十种有色金属 | 34.35 | 36.91 | 40.29 | 44.17 |
| | 铜 | 5.24 | 5.76 | 6.49 | 7.96 |
| | 铝 | 17.68 | 20.21 | 22.05 | 24.38 |

续表

| 产品 | | 2011 年 | 2012 年 | 2013 年 | 2014 年 |
|---|---|---|---|---|---|
| 产量（Mt） | 铅 | | | 4.47 | 4.22 |
| | 锌 | 5.22 | 4.85 | 5.30 | 5.83 |
| 用电量（亿 kW•h） | | 3560 | 3835 | 4054 | 4329 |
| 产品能耗 | 电解铝交流电耗（kW•h/t） | 13 913 | 13 844 | 13 740 | 13 596 |
| | 铜冶炼综合能耗（kgce/t） | 497 | 451 | 436 | 420 |

**注** 综合能耗中的电耗按发电煤耗法折算标准煤，代表全国行业平均水平。

数据来源：国家统计局，《2015 中国统计年鉴》；国家发展和改革委；有色金属工业协会；中国电力企业联合会。

根据 2014 年产量测算，由于单位综合能耗的下降，电解铝节能量为 105.3 万 tce，铜冶炼节能量为 12.7 万 tce。

### 2.2.3 建材工业

建材工业是生产和销售建筑材料的工业部门，是重要的基础设施原材料工业，细分门类众多，产品十分丰富，包括建筑材料及制品、非金属矿物及制品、无机非金属新材料等三大门类，涉及建筑、环保、军工、高新技术和人民生活等众多领域。改革开放以来，在我国所创造的“经济奇迹”和“基础设施奇迹”中建材工业发挥了非常重要的支撑作用。本报告所关注的建材工业主要是建材工业中的制造业部门，主要产品包括水泥、石灰、砖瓦、建筑陶瓷、卫生陶瓷、石材、墙体材料、隔热和隔音材料以及新型防水密封材料、新型保温隔热材料、饰装修材料等，共约有 20 多个行业细分门类、1000 多种类型产品。其中，建材行业最具代表性的产品是水泥和平板玻璃，两种产品产量大、产值多、细分产品种类丰富、应用范围十分广泛。

（一）行业概述

**(1) 行业运行**。

2014 年，全国规模以上建材企业完成主营业务收入 7 万亿元，同比增长10.1%，增速同比降低6.9个百分点。其中，水泥制造业9792亿元，同比增长0.9%，增速同比下降了7.7个百分点。水泥制品、建筑陶瓷、玻璃纤维、耐火材料制造业分别完成8600亿、4400亿、1509亿、4779亿元，同比分别增长13.9%、11.8%、13.4%、8.9%。平板玻璃主营业务收入同比略有下降。全年全国规模以上建材企业实现利润总额4770.2亿元，同比增长4.8%；其中，水泥行业实现利润780.2亿元，同比增长1.4%，利润总额仍居建材各子行业之首。水泥制品、轻质建材、玻璃纤维、隔热材料、卫生陶瓷等行业利润同比增速均高于12%。

2014年，建材工业进出口首次出现逆差。全年全国建材商品进口463.3亿美元，同比增长110.8%；累计出口361.2亿美元，同比增长5.3%，自7月以来持续保持逆差，这是自20世纪90年代以后的第一次。逆差的主要原因是钻石、宝石、翡翠、软玉等非金属矿商品进口额的大幅增长，1—12月进口金额总计348亿美元，占全部建材商品进口额的75%，扣除这四种产品，其他建材商品进口金额同比仅增长2.3%。

2014年建材工业中高能耗、产能严重过剩的水泥、平板玻璃产量分别为24.8亿t、7.9亿重量箱，同比分别增长1.8%、1.1%，增速分别同比下降了7.8、10.1个百分点。低耗能低排放加工产品产量保持较快增速，如商品混凝土15.5亿$m^3$，同比增长11.4%，钢化玻璃4.2亿$m^2$，同比增长15.1%。水泥和平板玻璃产量及增速见图1-2-4。

2014年国家加速出台了建材工业产品标准，强化节能减排的政策效果。5月6日工业和信息化部就《建筑卫生陶瓷行业准入公告管理暂行办法》公开征求意见；2014年中国软体家具沙发行业分类、检验、包装运输标准出台；国家有关部门准备对多项家居标准重新修

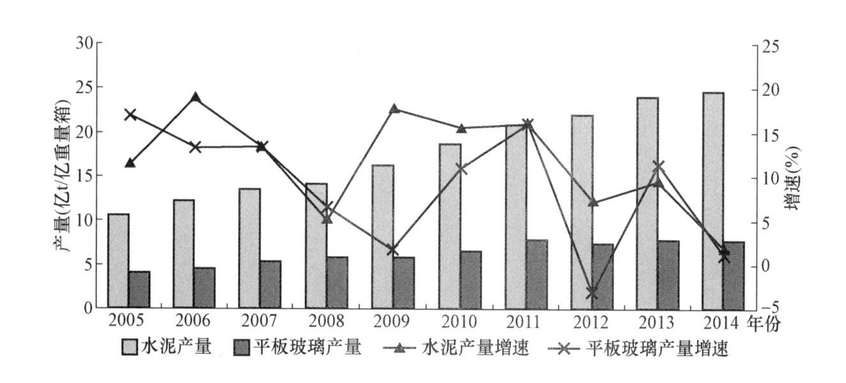


图 1-2-4 我国水泥和平板玻璃产量及增长情况

订，涉及板材甲醛释放限值、空气净化器、家具无损检测等国家标准，这些国标的修订或出台，将对相关行业的产业发展、产品升级、行业整合影响深远。北京市质量技术监督局贴出一则《木质家具制造行业大气污染物排放标准》征求意见稿，对木质家具的排放物做出具体要求。北京市的标准或许是全世界最严格的，而家具企业若想实现排放达标，一是改用水性漆，二是进行末端治理。

**(2) 能源消耗**。

能源平衡表显示，2014 年我国建材工业能源消费总量约 4.97 亿 tce，同比下降 1.4%，占工业能源消费总量的 19.7%，同比下降 0.1 个百分点。事实上，由于一些非建材工业企业在产品生产过程中制造了大量的水泥、建筑石灰和墙体材料等建材工业产品，这些产品生产所消耗的能源并没有被纳入到建材工业能耗的统计核算范围之中，使得建材工业的实际能源消费被严重低估。据本报告研究测算，水泥、墙体材料（包括新型墙体材料和传统墙体材料，2014 年新型墙体材料约占墙体材料总产量 62%，单位产品的综合能耗约为传统墙体材料 61%）、建筑陶瓷、建筑石灰和平板玻璃六大建材工业产品能耗占全行业能源消耗总量 91%，非建材企业生产的这六大产品的能耗占建材行业总能耗41%左右。由此最终核算的2014年建材工业产品实际能耗约为4.08亿tce，同比下降6.8%。在经济新常态下建材工业结构调整进一步加快，重点产品化解过剩产能和淘汰落后产能步入实质性收获阶段，是2014年建材工业能耗下降的主要原因。

建材工业中水泥、平板玻璃、石灰制造、建筑陶瓷、砖瓦等传统行业增加值占建材工业50%～60%，单位产品综合能耗在2～14tce之间，能源消耗总量占建材工业能耗总量的90%以上；玻璃纤维增强塑料、建筑用石、云母和石棉制品、隔热隔音材料、防水材料、技术玻璃等行业单位产品综合能耗低于1tce，能耗占建材工业能耗总量的6.5%。我国主要建材产品产量及能耗情况，见表1-2-4。

**表1-2-4　　我国主要建材产品产量及能耗**

| 类别 | | 单位 | 2005年 | 2011年 | 2012年 | 2013年 | 2014年 |
|---|---|---|---|---|---|---|---|
| 主要产品产量 | 水泥 | 亿t | 10.69 | 20.9 | 22.1 | 24.1 | 24.8 |
| | 墙体材料 | 亿块标准砖 | 8000 | 10 500 | 11 800 | 11 700 | 11 600 |
| | 建筑陶瓷 | 亿$m^2$ | 35 | 87 | 94 | 97 | 102.3 |
| | 平板玻璃 | 万重量箱 | 40 210 | 73 800 | 71 416 | 77 898 | 79 261 |
| | 建材工业能源消耗量 | 亿tce | 2.13 | 4.51 | 4.84 | 5.04 | 4.97 |
| 产品能耗 | 水泥 | kgce/t | 178 | 134 | 129 | 127 | 125 |
| | 平板玻璃 | kgce/重量箱 | 22.7 | 16.5 | 16.2 | 15.0 | 15.0 |
| 节能技术 | 新干法水泥产量比重 | % | 39 | 89 | 92 | 93 | 97 |
| | 水泥散装率 | % | 36.6 | 51.2 | 54.2 | 55.9 | 57.1 |

续表

| 类别 | | 单位 | 2005年 | 2011年 | 2012年 | 2013年 | 2014年 |
|---|---|---|---|---|---|---|---|
| 节能技术 | 浮法玻璃产量比重 | % | 79 | 89 | 85 | 90 | 93 |
| | 新型墙体材料产量比重 | % | 42 | 61 | 63 | 63 | 65 |

注 1. 建材工业能源消费量根据水泥、墙体材料、建筑和卫生陶瓷、石灰、平板玻璃等产品能耗乘以产量计算得出。
2. 产品能耗中的电耗按发电煤耗折算成标准煤。
3. 标准砖尺寸为240mm×115mm×53mm，包括10mm厚灰缝，长宽厚之比为4∶2∶1。
4. 厚2mm的平板玻璃×10m$^2$为1重量箱。

数据来源：2015中国统计年鉴；2015中国能源统计年鉴；王庆一，2014能源数据。

（二）主要节能措施

**（1）淘汰落后产能**。

国务院办公厅印发的《2014—2015年节能减排低碳发展行动方案》，提出2014年至2015年的工作目标。其中，水泥、平板玻璃等产能利用率明显低于国际水平的产业和工业、建筑、交通、公共机构等重点领域将是节能工作的关键环节和重点领域。在提前一年完成钢铁、电解铝、水泥、平板玻璃等重点行业“十二五”淘汰落后产能任务的基础上，要求2015年底前再淘汰落后炼铁产能1500万t、炼钢1500万t、水泥1亿t、平板玻璃2000万重量箱。2014年，建材工业化解产能过剩取得初步成效。1—12月，水泥行业投资下降18.7%，全年新增水泥熟料产能较上年减少2400多万t，下降25%。全年淘汰落后水泥产能8100万t，淘汰平板玻璃3760万重量箱。

**（2）推广节能新工艺**。

2014年建材工业新工艺推广成效显著，技术进步明显。除尘、脱硝、脱硫等适用技术已在建材行业加速推广应用，水泥窑协同处置城市垃圾和产业废弃物发展势头良好，精细陶瓷、闪烁晶体、耐高压复合材料气瓶等产业化技术日趋成熟，企业资源计划（ERP）、制造执行系统（MES）陆续在骨干企业应用，电子商务快速发展，信息化技术业内渗透加快，两化融合进一步加深。

我国水泥制造进一步加速普及新型干法生产工艺。新型干法水泥生产，就是以悬浮预热和预分解技术为核心，把现代科学技术和工业生产最新成就，广泛地应用于水泥干法生产全过程，使水泥生产具有高效、优质、低耗、环保和大型化、自动化特征的现代水泥生产方法。我国目前先进的新型干法水泥生产工艺已将吨水泥熟料热耗降至约 107kW•h/h 水泥，立磨、辊压磨粉机等节能粉磨技术在水泥工业中的应用将吨水泥综合电耗降低到 95kW•h/h 水泥。2015 年 1 月 1 日新的《中华人民共和国环境保护法》正式实施，新型干法水泥生产才是符合我国节能环保要求，能够支持企业生存发展的可靠技术。

**中国建材集团产研结合创新工作再出新成果**。近年来，中国建材集团产研结合越来越紧密，科研院所和生产企业之间合作更加广泛，涌现出了一批重大产研成果。其中，由集团推荐的中国联合水泥荣获“2014 年中国产学研合作创新奖”称号，巨石集团的《高性能无碱玻璃纤维关键技术的研发与产业化》和中复碳芯电缆的《碳纤维复合芯导线技术开发及大规模产业化应用》两项成果荣获“2014 年中国产学研合作创新成果奖”。

作为集团四大水泥集团之一，中联水泥历来高度重视产学研结合，不断强化与总院、合肥院、南京凯盛等集团内部资源及相关高校、院所的合作，构建起了比、学、赶、帮、超的产学研合作氛围和创新体系，技术创新能力和经济效益显著提升。自主设计建成了具有国际先进水平的万吨水泥生产线，开发出了核电水泥、道路水泥、油井水泥、基准水泥等一批新产品，一大批新技术装备和新工艺用于水泥生产线的技术改造，下属 7 家企业成为我国传统建材领域的首批低碳产品认证企业；道路水泥、核电专用水泥两项产研成果被列入国家重点新产品；累计拥有有效专利 289 项，其中发明专利 18 项。吨水泥熟料综合能耗为 112.3kgce，接近于国际先进水平 110kgce，有力地推动了企业的节能减排和结构调整。

作为全球最大的玻纤生产企业，巨石集团不断强化产学研合作与协同创新，尤其是与国际一流创新团队的合作。开发的 E6 高性能无碱玻璃纤维配方成为国内首个获得国际专利授权的玻纤配方专利，打破了国际玻纤巨头在玻纤专利配方的垄断；掌握的大型玻纤池窑全氧燃烧技术使燃料消耗降低 50%，废气排放减少 80%，并从源头上削减了 $NO_x$ 产生，达到了国际领先水平。现已建成巨石桐乡、九江、成都、埃及四大生产基地并实现全面推广，近三年产品销售额达 82.2 亿元，利润 9.8 亿元，税收 6.6 亿元，先后荣获首届中国产学研合作创新奖、浙江省产学研合作示范企业和首批浙江省国际科技合作基地，经济效益和社会效益显著。

中复碳芯电缆是将哈玻院持有的碳纤维复合芯及导线技术专利技术通过产学研合作孵化而成的高科技企业，实现了集团在碳纤维原丝—碳纤维复合芯棒—碳纤维复合芯导线的全产业链。中复碳芯产品已进入国家电网合格供应商名录，累计销售碳芯电缆 2300km，被授予“中国航天事业合作伙伴”称号，并成功在 220kV 南京长江大桥热晓线燕子矶大跨越改造工程中挂网通电，也是世界上首条使用碳纤维复合芯导线的大跨距（最大跨度为1107m）工程，为我国电网迈向智能化提供了技术支撑[1]。

国内首条采用新型超级节能气凝胶玻璃技术生产线启动。气凝胶成为促进国家节能减排、绿色建筑等事业发展，推动传统行业转型升级和培育战略性新兴产业，引领我国全新的建筑模式的关键性支撑材料。基于气凝胶的三维多纳米孔骨架结构特征，使其具有超轻质、超级绝热、超级保温、防火防爆、隔声降噪、超级吸附等一系列优异特性。美国、德国、法国、日本等工业先进的国家均投入巨资进行研发。到目前为止，也仅少数国家拥有高端透明气凝胶核心技术，并在航空航天、核技术、军工等领域得到应用，而民用领域应用尚属起步阶段，该条气凝胶超节能玻璃高端规模化气凝胶生产线正式启动，将会推动绿色节能建筑在民用领域中的应用。

**(3) 提高产业集中度**。

2014 年大型建材企业集团通过并购重组，市场集中度进一步提高。前 10 家水泥集团熟料产能 9.16 亿 t，产业集中度为 52%。其中，中国建材集团水泥熟料总产能达 3 亿 t，占全行业 17%。安徽海螺集团兼并重组效益显著提高，预计全年利润总额同比增长 15%左右。

**(4) 优化调整产品结构**。

优化水泥产品结构。2014 年全国水泥产量 24.8 亿 t，其中 32.5 水泥约占 68%，42.5 普通及复合水泥约占 31%，52.5 及特种水泥约占 3.2%。欧、美、日水泥工业近年来显著减少了普通波特兰水泥产

[1] http：//www.gcement.cn/Article/hangye/QiYe/2014/11/6680.html。

量，降低水泥产品中熟料的比例，目前欧洲波特兰复合水泥约占总产量的65%。根据国情优化水泥产品结构是调整建材工业产品结构的重点，也为节能减排创造了巨大的发展空间。

推广新型墙体材料。2014年新型墙体材料产量占墙体材料总量比例约为66.3%，在“十二五”规划目标基础上进一步提高1.3个百分点。根据国务院办公厅《关于进一步推进墙材革新和推广建筑节能的通知》（国办发〔2005〕33号）文件，到2010年，新型墙体材料产量占墙体材料总量的比重达到55%，建筑应用比例达到65%以上，成为主流的建筑材料。但我国新型墙体材料产量占墙体材料总量比例仍低于发达国家，如日本、美国的比例分别为72%和69%，优化空间巨大。

新修订的《陶瓷砖》标准提高了行业准入门槛和能耗限额水平。《陶瓷砖》对干压陶瓷砖厚度做了限定：表面积小于3600cm$^2$的厚度要小于10mm；表面积在3600cm$^2$到6400cm$^2$之间的厚度要小于11mm；表面积大于6400cm$^2$的厚度不能超过13.5mm。据测算，仅此一项就可节约大量黏土矿产资源，降低10%以上的能耗，每年将节约1700万tce。对进一步优化调整产业结构，节约土地资源，更好地保护环境将发挥出十分重要的促进作用。

（三）节能成效

2014年，水泥、墙体材料、建筑陶瓷、平板玻璃产量分别为24.8亿t、11 980亿标准砖、102.3亿m$^2$、7.93亿重量箱，产品单位能耗较2013年分别下降1kgce/t、－5kgce/万块标准砖、0.1kgce/m$^2$、0kgce/重量箱；考虑各主要建材产品能耗的变化，根据2014年产品产量测算得出，建材工业由于主要产品单耗变化，2014年实现节能290万tce。建材行业主要产品能耗及节能量测算见表1-2-5。

表 1-2-5 建材工业节能量测算结果

| 类别 | | 2013 年 | 2014 年 | 节能量 |
| --- | --- | --- | --- | --- |
| 水泥 | 产量（万 t） | 241 613 | 247 600 | 248 |
| | 产品综合能耗（kgce/t） | 125 | 124 | |
| 墙体材料 | 产量（亿块标准砖） | 11 700 | 11 980 | -60 |
| | 产品综合能耗（kgce/万块标准砖） | 449 | 454 | |
| 建筑陶瓷 | 产量（亿 $m^2$） | 97 | 102 | 102 |
| | 产品综合能耗（kgce/$m^2$） | 7.1 | 7.0 | |
| 平板玻璃 | 产量（亿重量箱） | 7.78 | 7.93 | 0 |
| | 产品综合能耗（kgce/重量箱） | 15.0 | 15.0 | |
| 节能量总计（万 tce） | | | | 290 |

注 1. 产品综合能耗中的电耗按发电煤耗折算标准煤。
2. 2013 年建筑陶瓷综合能耗为估计。

数据来源：国家统计局；国家发展改革委；工业和信息化部；中国建材工业协会；中国水泥协会；中国砖瓦工业协会；中国陶瓷协会；中国石灰协会。

### 2.2.4 石化和化学工业

我国石化工业主要包括原油加工和乙烯行业，化工行业产品主要有合成氨、烧碱、纯碱、电石和黄磷。其中，合成氨、烧碱、纯碱、电石、黄磷、炼油和乙烯是耗能较多的产品类别。

在生产工艺方面，**乙烯** 产品占石化产品的 75%以上，可由液化天然气、液化石油气、轻油、轻柴油、重油等经裂解产生的裂解气分出，也可由焦炉煤气分出，或由乙醇在氧化铝催化剂作用下脱水而成。**合成氨** 指由氮和氢在高温高压和催化剂存在下直接合成的氨：首先，制成含 $H_2$和 CO 等组分的煤气，然后，采用各种净化方法除去灰尘、$H_2S$、有机硫化物、CO 等有害杂质，以获得符合氨合成要求的 1∶3 的氮氢混合气，最后，氮氢混合气被压缩至 15MPa 以上，借助催化剂制成合成氨。**烧碱** 的生产方法有苛化法和电解法两种，苛化法按原料不同分为纯碱苛化法和天然碱苛化法；电解法可分为隔膜电解法和离子交换膜法。**纯碱** 是玻璃、造纸、纺织等工业的重要原料，是冶炼中的助溶剂，制法有联碱法、氨碱法、路布兰法等。**电石** 重要的基本化工原料，主要用于产生乙炔气，也用于有机合成、氧炔焊接等，由无烟煤或焦炭与生石灰在电炉中共热至高温而成。

（一）行业概述

**(1) 行业运行**。

2014 年，多数化工产品为正增长，其中，原油加工量 50 277 万 t，同比增长 5.3%；乙烯产量为 1704 万 t，同比增长 7.6%；烧碱产量为 3180 万 t，同比增长 7.9%；纯碱产量为 2515 万 t，同比增长 3.5%，电石产量 2548 万 t，同比增长 12.9%。主要农用化工产品负增长，化肥产量为 6934，同比下降 0.7%；合成氨产量为 5700 万 t，同比下降 1.8%。2000 年以来我国烧碱、纯碱产量情况，见图 1-2-5。

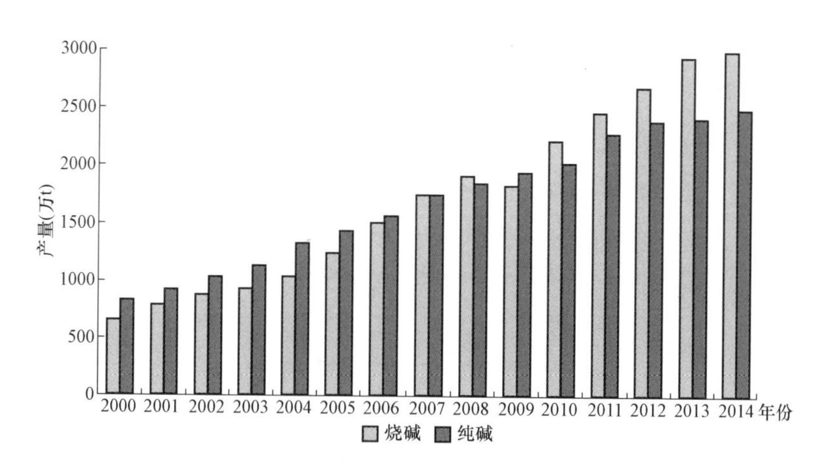


图 1-2-5 2000 年以来我国烧碱和纯碱产量情况

数据来源：国家统计局，《2014 中国统计年鉴》。

2014 年，面对复杂多变的宏观经济环境，全国石油和化工行业努力克服下行压力，经济运行基本实现了稳中有进的总体目标，全年完成工业增加值比上年增长 8.3%，但行业总体效益呈现恶化趋势，预计利润降幅逾 8%；专用化学品、涂（颜）料等精细化学品在经济增长中贡献率上升；市场消费特别是化工产品消费，正向差异化、个性化、品质化方向发展；节能降耗有新进展。

**(2) 能源消费**。

2014 年，石油和化工行业总能耗约 5.28 亿 tce，同比增长 5.2%，增速比上年减缓 1 个百分点。全行业万元收入耗标准煤约 375kg，同比下降 0.1%，其中化学工业万元收入耗标准煤约 412kg，同比下降 2.7%。

石化和化学工业主要耗能产品能源消费情况为：炼油耗能 4677.9 万 tce，乙烯耗能 1384.8 万 tce，合成氨耗能 7599.2 万 tce，烧碱耗能 1144.1 万 tce，纯碱耗能 796.9 万 tce，电石耗能 2573.5 万 tce，见表 1-2-6。

**表 1-2-6　　我国主要石油和化学工业产品产量及能耗**

| 类别 | | 单位 | 2010 年 | 2011 年 | 2012 年 | 2013 年 | 2014 年 |
|---|---|---|---|---|---|---|---|
| 主要产品产量 | 炼油 | Mt | 426.8 | 447.7 | 467.9 | 478.0 | 503.0 |
| | 乙烯 | Mt | 14.21 | 15.28 | 14.87 | 15.99 | 16.97 |
| | 合成氨 | Mt | 49.65 | 52.53 | 55.28 | 57.45 | 57.00 |
| | 烧碱 | Mt | 22.28 | 24.73 | 26.96 | 29.27 | 30.59 |
| | 纯碱 | Mt | 20.35 | 22.94 | 23.96 | 24.32 | 25.14 |
| | 电石 | Mt | 14.20 | 17.38 | 18.69 | 22.57 | 25.48 |
| 产品能耗 | 炼油 | 万 tce | 4268.0 | 4342.7 | 4351.5 | 4440.6 | 4677.9 |
| | 乙烯 | 万 tce | 1350.9 | 1367.6 | 1327.9 | 1335.2 | 1384.8 |
| | 合成氨 | 万 tce | 7731.9 | 7948.2 | 8472.4 | 7679.3 | 7599.2 |
| | 烧碱 | 万 tce | 2112.0 | 2614.0 | 2658.3 | 1121.0 | 1144.1 |
| | 纯碱 | 万 tce | 781.9 | 884.4 | 905.8 | 783.1 | 796.9 |
| | 电石 | MW•h | 1432.8 | 1811.4 | 1897.1 | 2354.1 | 2573.5 |

续表

| 类　别 | | 单位 | 2010年 | 2011年 | 2012年 | 2013年 | 2014年 |
|---|---|---|---|---|---|---|---|
| 节能技术 | 千万吨级炼油厂数 | 座 | 20 | 20 | 21 | 22 | 23 |
| | 离子膜法占烧碱产量比重 | % | 76.0 | 81.1 | 85.1 | 84.4 | 84.3 |
| | 联碱法占纯碱产量比重 | % | 41 | 45 | 47 | 50 | 46 |

**注**　产品综合能耗按发电煤耗折标准煤。

数据来源：国家统计局网站、中国石油和化工经济数据快报产量分册2015年第1期；个别数据来自新闻报道。

2014年，石化工业资源类产品比重基本与去年持平，技术类产品保持上升的趋势。化工行业主营业务收入占全行业的比重达62.3%，同比降低了0.4个百分点；专用化学品对化学工业收入增长的贡献率最高，达到36.3%，同比大幅提高13.2个百分点；涂（颜）料制造贡献率为8.5%，同比上升2.8个百分点。

（二）主要节能措施

**(1) 加快淘汰落后产能。**

2014年石化行业产能快速增长势头基本得到遏制，新增产能明显减少，落后产能加快退出，纯碱、磷肥、醋酸等行业年均产能利用率较2013年有不同程度的提升，产能过剩趋势发生积极变化，化解过剩产能工作取得初步进展，部分行业供需关系有所缓和。2014年尿素行业退出落后产能500万t，烧碱产能退出33万t，聚氯乙烯产能退出21万t，产能快速增长的势头基本得到遏止。电石行业淘汰落后产能192万t，有效缓解了产能过剩压力。2014年下半年以来，化肥价格开始止跌回稳，效益持续恶化的局面得到缓解。

**(2) 提高产业集中度**。

2014 年，炼油行业规模化、基地化、集约化进一步发展，全国千万吨级炼油基地达到 26 个，炼油能力合计 3.48 亿 t/a，占总炼油能力的 46.6%。其中有 4 家炼油企业规模超过了 2000 万 t/a，分别是中国石化的镇海炼化 2380 万 t/a、茂名石化 2350 万 t/a、金陵石化 2100 万 t/a，中国石油的大连石化 2050 万 t/a。全国逐步形成了环渤海湾、长三角、珠三角三大炼油产业集群基地，26 个千万吨级炼厂中有 13 家位于三大集群区，原油加工能力合计达 2.28 亿 t/a。再如，2014 年初工业和信息化部出台了电石行业准入条件（2014 年修订版），要求新建或改扩建电石生产装置必须采用先进的密闭式电石炉，单台炉容量不小于 40 000kV·A，建设总容量（一次性建成）要大于 150 000kV·A，这必然提高整体电石企业的平均规模。

**(3) 提高化工企业入园率**。

化工园区，通过将企业在一定空间范围内科学整合、提高企业集约程度，承载着产业优化升级、布局调整和规模化发展的重任，近年各地化工园区呈现快速发展的趋势。截至 2014 年末，全国重点化工园区超过 500 家，其中国家级化工园区超过 30 家，省级化工园区达 280 家以上，形成一批具有比较优势、产业特色较为突出的化工园区。如以上海、大亚湾、宁波等为代表的石油化工园区；以泰兴、常熟、南通、张家港等为代表的化工新材料、精细化工园区；以陕西榆神、青海省柴达木、新疆奎屯—独山子、内蒙古阿拉善等为代表的资源型化工园区等。据统计，全国 20 强化工园区 2014 年工业总产值超过 1.4 万亿元，占当年全行业工业总产值的 10%以上，产业集聚效应十分明显。

### 湖北六国化工节能技术改造项目试车成功

2014年，安徽六国化工股份有限公司通过资源综合利用、实施节能技术改造、推行合同能源管理、加强计量管理等多项措施，使主产品磷酸二铵单位产品综合能耗较2013年下降7%。如实施复合肥装置冷却系统技术升级，新增粉体流冷却器替代流化床冷却装置，预计每年可节约电量220万kW·h，蒸汽1.08万t。以合同能源管理模式对磷酸车间循环水泵进行节能改造，采用新式节能型水泵替代老式水泵，全年共完成3台循环水泵改造，平均每台泵节电效率在25%左右，节能效果显著。

2015年4月，该公司硫酸低温位热能回收利用节能技改项目试车投运成功，公司年产40万t硫磺制酸生产中高温段、中温段余热均已回收，并用于余热发电和产品生产，同时公司投资2860万元，回收利用硫酸装置三化硫吸收过程中的低温余热产生低压蒸汽，该项目每小时产0.8MPa低压蒸汽20t，余热回收率可达到90%以上。项目投产后，每年可产蒸汽18万t，年增效益2160万元，实现了经济效益与节能环保双赢。

**(4) 推广先进新工艺。**

**离子膜烧碱产量保持平稳增长。**烧碱生产离子膜法相较于隔膜法而言，具有节能、省料、产品纯度高、排放污染少等优点。2014年，离子膜烧碱（折100%）产量为2680.38万t，同比增长7.69%，占烧碱产量比重84.3%，比2013年降低2.8个百分点。按2014年离子膜烧碱（含量大于30%）耗能比隔膜烧碱每吨减少335kgce/t计算，同样产量下离子膜法烧碱较隔膜烧碱少用897.9万tce。

**电石生产推广密闭炉。**密闭电石炉的烟气产生量比内燃式炉型减少90%以上，只有密闭式电石炉才能将炉气全部回收，收回后的炉气经净化后可加以利用，在大大减少污染排放的基础上，还能节电400kW•h/t，生产成本至少降低220元/t。电石行业2012年淘汰落后产能116万t，2013年淘汰113万t，2014年淘汰192万t。目前，密闭炉产量比重已超过50%。

**(5) 推广利用节能新技术**。

石化和化工领域通过技术进步推动节能减排，包括油品质量升级，推广清洁生产与节能节水工艺，探寻温室气体减排途径，开发$CO_2$捕捉、封存、综合利用技术和设备。一批节能新技术相继推出，如循环水冷却塔节电技术，低温余热发电技术，氧化还原树脂除氧技术，合成氨工艺改造节能技术，电石生产采用落丸清灰装置回收热量，纯碱自身返碱煅烧炉技术，以及炼油工业中机泵变频调速技术、精馏装置节能技术、热泵技术、变压吸附法从催化干气中回收乙烯等新型技术。例如，天津大学和山西易通环能科技集团自主研发的低温余热发电机组，填补了国际上60～70℃的余热发电的空白，实现产品大型化生产，若这项技术得到推广，全国的工业余热被有效利用，综合能耗率有望下降5个百分点，相当于节约3亿tce。

另外，石油和化学工业的研发经费近年来显著增加，尤其是化工业，研发经费从2011年的470亿元增至2014年的767亿元，年均增长率为17.7%。研发经费的增加一定意义上有利于前沿、高能效技术的推广应用。

**(6) 持续公布主要产品能效领跑者名单**。

2011年，工业和信息化部、中国石油和化学工业联合会开展的石化行业重点耗能产品能效领跑者发布制度，通过树立能效领跑者标杆企业，深化石油和化工行业节能工作，充分挖掘重点耗能产品节能潜力。2014年能效领跑者活动涵盖乙烯、纯碱、电石、黄磷、合成氨、原油加工、烧碱、聚氯乙烯等 15 个产品，所涉及生产企业参与度进一步提高，参与企业总产能在各行业中占比达 78%～98%。经估算，若今后几年内这 15 个行业平均能效达到 2014 年度能效领跑者水平，可实现约 3000 万 tce 的节能能力，相当于 2014 年全行业能耗总量的 5.7%。

（三）节能成效

2014 年，炼油、乙烯、合成氨、烧碱、纯碱产品单位能耗分别为 93、816、1540、947、336kgce/t，电石单耗为 3272kW·h/t，其中，炼油、合成氨较上年分别上升 0.1、8kgce/t，其他产品单耗比上年不同程度下降，见表 1-2-7。相比 2013 年，2014 年我国乙烯、烧碱、纯碱、电石生产分别实现节能 32 万、-46 万、76 万、3 万、115 万 tce，合计实现节能约 227 万 tce。

**表 1-2-7　2014 年我国石化和化学工业主要产品节能情况**

| 产品 | | 2010 年 | 2011 年 | 2012 年 | 2013 年 | 2014 年 | 2014 年节能量（万 tce） |
|---|---|---|---|---|---|---|---|
| 石油工业能耗（万 tce） | | 5618.9 | 5710.3 | 5679.4 | 5919.8 | 6062.7 | 27 |
| 炼油 | 加工量（Mt） | 426.80 | 447.7 | 467.9 | 478 | 503 | -5 |
| | 单耗（kgce/t） | 100 | 97 | 93 | 92.9 | 93 | |
| 乙烯 | 产量（Mt） | 14.21 | 15.28 | 14.87 | 15.99 | 16.97 | 32 |
| | 单耗（kgce/t） | 950 | 895 | 893 | 835 | 816 | |
| 化学品工业能耗（万 tce） | | 31 353.9 | 34 713.1 | 36 995.5 | 33 851.0 | 35 376 | |
| 合成氨 | 产量（Mt） | 49.65 | 52.53 | 55.28 | 57.45 | 57.00 | -46 |
| | 单耗（kgce/t） | 1587 | 1568 | 1552 | 1532 | 1540 | |
| 烧碱 | 产量（Mt） | 22.28 | 24.73 | 26.96 | 29.27 | 30.59 | 76 |
| | 单耗（kgce/t） | 1006 | 1060 | 986 | 972 | 947 | |

续表

| 产品 | | 2010年 | 2011年 | 2012年 | 2013年 | 2014年 | 2014年节能量（万tce） |
|---|---|---|---|---|---|---|---|
| 纯碱 | 产量（Mt） | 20.35 | 22.94 | 23.96 | 24.32 | 25.14 | 3 |
| | 单耗（kgce/t） | 385 | 384 | 376 | 337 | 336 | |
| 电石 | 产量（Mt） | 14.20 | 17.38 | 18.69 | 22.57 | 25.48 | 115 |
| | 单耗（kW·h/t） | 3340 | 3450 | 3360 | 3423 | 3272 | |

**注** 产品综合能耗按发电煤耗折标准煤。

数据来源：国家统计局；工业和信息化部；中国石化和化学工业联合会；中国电力企业联合会；中国化工节能技术协会；中国纯碱工业协会；中国电石工业协会。

## 2.3 电力工业节能

电力工业作为国民经济发展的重要基础性能源工业，是国家经济发展战略中的重点和先行产业，也是我国能源生产和消费大户，属于节能减排的重点领域之一。

（一）行业概述

**(1) 行业运行**。

2014年，电力工业继续保持较快增长势头，电力供应能力进一步提高。电源建设方面，截至2014年底，全国装机容量达到13.60亿kW，比上年增长8.7%，增速比上年降低1个百分点。电网建设方面，截至2014年底，全国电网220kV及以上输电线路回路长度为57.2万km，比上年增长5.2%，220kV及以上公用变电设备容量为30.27亿kV·A，增长8.8%。2014年，哈密南—郑州特高压直流工程将在春节前投产；1000kV浙北—福州特高压交流输电工程投运，国家电网公司“两交一直”特高压工程开工，拉开了“四交四直”特高压工程全面加快建设的序幕。

水电和可再生能源发展较快，结构调整取得新进展。2014 年全国装机容量中，水电、火电、核电和风电机组分别占 22.2%、67.4%、1.5%和 7.0%。水电、核电、风电和太阳能等非化石能源装机容量比重为 32.6%，比上年提高 1.8 个百分点。

新增装机容量有所减少，但仍保持较大规模，风电新装容量占全部新投产容量的比重明显上升。2014 年，全国新增发电装机容量 10 350万 kW，比上年增加 128 万 kW，其中水电、火电、核电、风电和太阳能新增装机容量分别为 2185 万、4729 万、2072 万、817 万 kW，所占比重分别为 21.1%、45.7%、20.0%和 7.9%。新增装机中，火电、风电新装机容量比重比上年有所增加，尤其是风能，水电和太阳能发电新装机容量占比出现下降。2014 年我国电源及电网发展情况，见表 1-2-8。

**表 1-2-8　2014 年我国电源与电网发展情况**

| 类别 | | 2005 年 | 2010 年 | 2011 年 | 2012 年 | 2013 年 | 2014 年 |
|---|---|---|---|---|---|---|---|
| 年末发电设备容量（GW） | | 517.18 | 966.41 | 1062.53 | 1146.76 | 1257.68 | 1360.19 |
| 其中：水电 | | 117.39 | 216.06 | 232.98 | 249.47 | 280.44 | 301.83 |
| 火电 | | 391.38 | 709.67 | 768.34 | 819.68 | 870.09 | 915.69 |
| 核电 | | 6.85 | 10.82 | 12.57 | 12.57 | 14.66 | 19.88 |
| 风电 | | 1.06 | 29.58 | 46.23 | 61.42 | 76.52 | 95.81 |
| 发电量（TW·h） | | 2497.5 | 4227.8 | 4730.6 | 4986.5 | 5372.1 | 5545.9 |
| 其中：水电 | | 396.4 | 686.7 | 668.1 | 855.6 | 892.1 | 1066.1 |
| 火电 | | 2043.7 | 3416.6 | 3900.3 | 3925.5 | 4221.6 | 4173.1 |
| 核电 | | 53.1 | 74.7 | 87.2 | 98.3 | 111.5 | 126.2 |
| 风电 | | 1.3 | 49.4 | 74.1 | 103.0 | 138.3 | 156.3 |
| 220kV 及以上 | 输电线路（万 km） | 25.37 | 44.56 | 47.49 | 50.58 | 54.38 | 57.20 |
| | 变电容量（亿 kV·A） | 8.43 | 19.90 | 22.08 | 24.97 | 27.82 | 30.27 |

数据来源：中国电力企业联合会，《2014 年电力工业统计资料汇编》。

**(2) 能源消费**。

电力工业是我国能源生产和消费的大户。电力消费能源占一次能源消费的比重超过45%，电能在终端能源消费中的比重大约为25%[1]。2014年，我国发电装机中，火电装机比重最高，为66.7%；2014年，6000kW及以上电厂发电生产及供热消耗原煤19.4亿t，比上年减少5.1%，占全国用煤的55.3%，比上年下降1.5个百分点。

由于煤炭消耗量大，电力行业是节能减排的重要行业。2014年电力烟尘、二氧化硫、氮氧化物排放量预计分别降至98万、620万、620万t左右，分别比2013年下降约31.0%、20.5%、25.7%。在减排上，进一步提高火电机组脱硫设施达标率，对3400万kW现役火电机组脱硫设施实施增容改造，2014年当年新建投运火电厂烟气脱硫机组容量约3600万kW；截至2014年底，已投运火电厂烟气脱硫机组容量约7.6亿kW，占全国现役燃煤机组容量的92.1%，较2013年提高0.5个百分点。

（二）主要节能措施

2014年，我国电力工业节能减排取得了显著成就，所采取的节能措施主要包括以下几个方面：

**(1) 进一步优化电力结构**。

2014年，非化石能源发电装机发电比重和发电量比重进一步提高。非化石能源装机容量达到4.5亿kW，占总装机比重的33.3%，同比提高2.5个百分点；在当年新增装机容量中，非化石能源新增装机为5702万kW，占比55.1%，超过化石能源新增装机。在发电方面，水电、核电、风电、太阳能发电量同比增长为19.7%、13.2%、

[1] 蒋丽萍，提高电力在终端能源消费中的比重，中国电力企业管理，2015年5月。

12.2%、171%，非化石能源发电量总计为1.42万亿kW•h，约占全国发电量的25.6%，比2012年提高了4.2个百分点。同时，2005—2014年累计关停小火电机组预计超过0.95亿kW，30万kW及以上机组容量所占比例比2013年提高1.5个百分点。

**（2）增加大容量、高参数、环保型机组投资。**

在电力机组投资方面，火电建设继续向着大容量、高参数、环保型方向发展。2014年全国生产完成30万kW及以上汽轮发电机144台/7101.2万kW，占火电机组的80.9%，其中100万kW级13台/1304.6万kW，100万kW级火电机组占当年火电机组的比重从2006年的4.02%，提高到2014年的14.87%。2014年，水电、核电、风电设备容量占全国发电设备容量的比重达到30.7%，比上年提高2.5个百分点。火电设备容量占全国发电设备容量的比重66.7%，比上年降低了2.5个百分点；火电机组中天然气、煤矸石、生物质、垃圾、余热余压等发电装机得到较快发展。大容量火电机组比重进一步提高，火电30万kW及以上机组占全国火电机组总容量的77.7%，比上年提高1.5个百分点，目前，我国是100万kW超超临界燃煤机组装机容量最大的国家。

**（3）实施电能替代工程，开拓节能服务市场。**

大力实施“以电代煤、以电代油、电从远方来、来的是清洁电”电能替代战略，重点在京津冀鲁、长三角等污染严重地区推广电锅炉、热泵等经济效益好的替代技术。加强与政府部门沟通汇报，将电能替代纳入城市建设和大气污染防治规划，各级政府出台支持政策65项。2014年，累计推广实施电能替代项目1.3万个，完成替代电量503亿kW•h。

2014年，公司系统节能服务公司努力开拓市场，全年签订节能项目合同433个，投资12.5亿元。成立659个能效服务小组，吸收5834家工业企业成员，举办政策研讨、节能交流活动1659次。在国家电网公司和26个省级电力公司建成电能服务管理平台，支持节能服务业务的发展。通过实施电网节能改造，推动社会企业实施节能项目。

**(4) 30省完成需求侧管理目标**。

电力需求侧管理是让企业、用户通过搭建电能精细化管理平台来管理自己企业的用电情况。2014年，国家电网公司、南方电网公司继续深化推进电力需求侧管理工作，创新管理机制，加大资金投入力度，加强平台建设，拓展培训方式。根据各地经济运行主管部门对省级电网企业的考核结果，结合各地区之间的交叉检查，以及专家组对部分地区的抽查情况，综合来看，2014年国家电网公司、南方电网公司均超额完成电力需求侧管理目标任务，共节约电量131亿kW•h，节约电力295万kW，低于2013年49万kW。除西藏外，全国30个省（区、市）的电网企业参加了考核，全部完成2014年度目标任务。

**(5) 发电权交易电量继续增长**。

通过积极开展发电权交易，提高高效机组利用效率。通过深入挖掘发电权交易潜力，积极开展关停机组指标替代和在役机组发电权交易，取得了节能减排和优化资源配置的实效。国家电网公司认真贯彻落实节能减排政策，推进高效节能发电机组替代高能耗发电机组的发电权交易，2014年，经营区域内共完成发电权交易电量1168亿kW•h，同比增长2.6%，实现节约标准煤695万t，分别减排$SO_2$和$CO_2$ 15万t和1812万t，节能减排和优化资源配置取得显著成效。

（三）节能成效

2014年，全国6000kW及以上火电机组供电煤耗为310gce/（kW•h），比上年下降2gce/（kW•h），总计节能843.4万t；全国线路损失率为6.64%，比上年降低0.05个百分点，下降不够明显。导致线损降低的主要原因是：第一，2014年电网公司从各个方面加强了线损监测和管理；第二，2012 年，线损的统计口径已经包含了农村的县级电网，2014 年不会因统计口径变化出现线损率大的波动；第三，由于电网结构以及电力系统潮流等因素，存在电网综合线损理论值，线损在接近理论值时下降难度增加。我国电力工业主要指标见表 1-2-9。

**表 1-2-9　　我国电力工业主要指标**

| 指标 | 2008 年 | 2009 年 | 2010 年 | 2011 年 | 2012 年 | 2013 年 | 2014 年 |
|---|---|---|---|---|---|---|---|
| 供电煤耗 [gce/（kW·h）] | 345 | 340 | 333 | 329 | 325 | 321 | 319 |
| 发电煤耗 [gce/（kW·h）] | 322 | 320 | 312 | 308 | 305 | 302 | 300 |
| 厂用电率（%） | 5.9 | 5.76 | 5.43 | 5.39 | 5.10 | 5.05 | 4.83 |
| 其中：火电 | 6.79 | 6.62 | 6.33 | 6.23 | 6.08 | 6.01 | 5.84 |
| 线路损失率（%） | 6.79 | 6.72 | 6.53 | 6.52 | 6.74 | 6.69 | 6.64 |
| 发电设备利用小时数（h） | 4648 | 4546 | 4650 | 4730 | 4579 | 4521 | 4318 |
| 其中：水电（h） | 3589 | 3328 | 3404 | 3019 | 3591 | 3359 | 3669 |
| 火电（h） | 4885 | 4865 | 5031 | 5305 | 4982 | 5021 | 4739 |

数据来源：中国电力企业联合会，《2014 年电力工业统计资料汇编》。

与 2013 年相比，2014 年由于火电厂供电效率的提高，发电环节实现节能 843.4 万 tce。综合发电和输电环节节能效果，电力工业实现节能量 1028.4 万 tce。

## 2.4　节能效果

与 2013 年相比，2014 年制造业 14 种产品单位能耗下降实现节能量约 1777 万 tce，这些高耗能产品的能源消费量约占制造业能源消费量的 70%，据此推算，得到制造业总节能量为 2538 万 tce，见表 1-2-10。考虑电力生产节能量 1028.4 万 tce，2014 年与 2013 年相比，工业部门实现节能量至少 3567 万 tce。

**表 1-2-10　　中国 2014 年制造业主要高耗能产品节能量**

| 类别 | 产品能耗 | | | | | | 2014 年 | | 2014 年节能量(万 tce) |
|---|---|---|---|---|---|---|---|---|---|
| | 单位 | 2010 年 | 2011 年 | 2012 年 | 2013 年 | 2014 年 | 产量 | 单位 | |
| 钢 | kgce/t | 950 | 942 | 940 | 923 | 913 | 82 270 | 万 t | 823 |
| 电解铝 | kW•h/t | 13 979 | 13 913 | 13 844 | 13 740 | 13 596 | 2438 | 万 t | 105 |
| 铜 | kgce/t | 500 | 497 | 451 | 436 | 420 | 796 | 万 t | 13 |
| 水泥 | kgce/t | 134 | 129 | 127 | 125 | 124 | 247 600 | 万 t | 248 |
| 建筑陶瓷 | kgce/$m^2$ | 7.7 | 7.4 | 7.3 | 7.1 | 7.0 | 102 | 亿 $m^2$ | 102 |
| 墙体材料 | kgce/万块标准砖 | 468 | 454 | 449 | 449 | 454 | 11 980 | 亿块标准砖 | — |
| 平板玻璃 | kgce/重量箱 | 16.9 | 16.5 | 16.0 | 15.0 | 15.0 | 8 | 亿重量箱 | 0 |
| 炼油 | kgce/t | 100 | 97 | 93 | 94 | 93 | 50 300 | 万 t | — |
| 乙烯 | kgce/t | 950 | 895 | 893 | 879 | 816 | 1697 | 万 t | 32 |

续表

| 类别 | 产品能耗 | | | | | | 2014年 | | 2014年节能量(万 tce) |
|---|---|---|---|---|---|---|---|---|---|
| | 单位 | 2010年 | 2011年 | 2012年 | 2013年 | 2014年 | 产量 | 单位 | |
| 合成氨 | kgce/t | 1587 | 1568 | 1552 | 1532 | 1540 | 5700 | 万 t | — |
| 烧碱 | kgce/t | 1006 | 1060 | 986 | 972 | 947 | 3059 | 万 t | 76 |
| 纯碱 | kgce/t | 385 | 384 | 376 | 337 | 336 | 2514 | 万 t | 3 |
| 电石 | kW·h/t | 3340 | 3450 | 3360 | 3423 | 3272 | 2548 | 万 t | 115 |
| 纸和纸板 | kgce/t | 390 | 380 | 364 | 362 | 340 | 11 800 | 万 t | 260 |
| 合计 | | | | | | | | | 1777 |

**注** 1. 产品综合能耗均为全国行业平均水平。

2. 产品综合能耗中的电耗按发电煤耗折标准煤。

3. 1111$m^3$天然气=1toe。

数据来源：国家统计局，《2015中国统计摘要》《2014中国能源统计年鉴》；国家发展改革委；工业和信息化部；中国电力企业联合会；中国钢铁工业协会；中国有色金属工业协会；中国建材工业协会；中国水泥协会；中国陶瓷工业协会；中国石油和化学工业联合会；中国化工节能技术协会；中国纯碱工业协会；中国电石工业协会；中国造纸协会。

# 3 建筑节能

## 本章要点

**(1) 我国建筑面积规模较大。**2014 年，竣工房屋建筑面积 35.5 亿 $m^2$，其中住宅竣工面积为 19.3 亿 $m^2$；房屋施工规模达 135.6 亿 $m^2$，其中住宅施工面积为 68.9 亿 $m^2$。

**(2) 我国建筑领域节能取得良好成效。**2014 年，建筑领域通过对新建建筑实施节能设计标准、对既有居住建筑实施节能改造、对大型公共建筑节能实施监管和高耗能建筑实施节能改造、推动绿色建筑发展等节能措施，实现节能量 2537 万 tce。其中，全国新建建筑执行强制性节能设计标准 11.8 亿 $m^2$，形成年节能能力约 1065 万 tce，其中绿色建筑形成年节能能力约 12 万 tce；北方采暖地区既有居住建筑节能改造面积约 1.75 亿 $m^2$，形成年节能能力约 192 万 tce；照明节能 1280 万 tce。

## 3.1 综述

2014 年全国建筑业总产值 44 789.6 亿元，同比增长 9.76%，与 2013 年相比下降 1.12 个百分点，历年建筑行业产值变化见图 1-3-1；建筑业占国内生产总值的 7.04%，工业占比 35.86%，与 2013 年相比建筑业占比上涨了 0.1 个百分点，而工业下降了 1.1 个百分点。

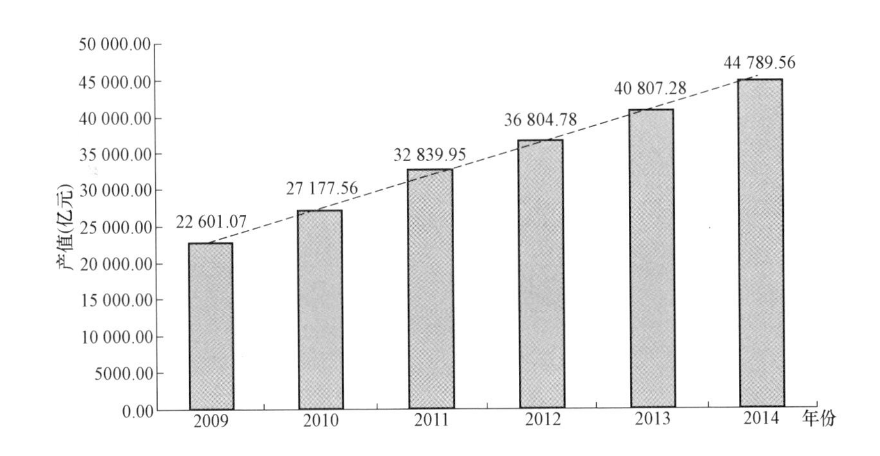


图 1-3-1 2009—2014 年全国建筑行业产值变化情况

由此可见中国建筑行业随着国家经济转型的大环境调整发展态势，建筑总量的增长意味能源消耗增长的必然趋势，目前国内既有建筑很大部分的运行能耗仍旧能效较低。存量大、低能效是建筑领域的减排潜力巨大的重要因素。因此，推进建筑节能不仅可以大幅削减能源需求，减少能源供应压力，还能降低大气污染物和 $CO_2$ 排放。

“十二五”时期，我国仍处于工业化、城镇化进程当中、大规模的基本建设是这一时期的主要特征之一。2014 年，我国城镇化率达 54.8%，比上年增加 1.4 个百分点，仍然保持上升趋势，国内建筑总体规模仍旧保持扩大态势。全年全国房屋施工规模达 135.6 亿 $m^2$，比上年增长 1.4%，增速有所回落；其中住宅施工面积为 68.9 亿 $m^2$，比上年增加 2.4%，较上年下降了 7 个百分点；竣工房屋建筑面积为 35.5 亿 $m^2$，增长 1.5%，较上年下降了 3 个百分点，其中住宅竣工面积为 19.3 亿 $m^2$，较上年略有下降。截至 2014 年底全国新建建筑面积增量和总量均居世界首位。全国建筑施工、竣工房屋面积及变化情况，见表 1-3-1。

表 1-3-1 全国建筑施工、竣工房屋面积及变化情况

| 年份 | 施工房屋建筑面积（万 $m^2$） | 住宅施工面积（万 $m^2$） | 施工建筑面积增加（%） | 竣工房屋建筑面积（万 $m^2$） | 住宅竣工面积（万 $m^2$） | 竣工建筑面积增加（%） |
| --- | --- | --- | --- | --- | --- | --- |
| 1995 | 215 084.6 | 140 451.9 | | 145 600.1 | 107 433.1 | |
| 2000 | 265 293.5 | 180 634.3 | 0.8 | 181 974.4 | 134 528.8 | −2.9 |
| 2005 | 431 123.0 | 239 769.6 | 14.5 | 227 588.7 | 132 835.9 | 9.9 |
| 2010 | 885 173.4 | 492 763.6 | 17.4 | 304 306.1 | 183 172.3 | 0.7 |
| 2011 | 1 035 519.0 | 574 910.0 | 16.9 | 329 073.0 | 197 452.0 | 8.1 |
| 2012 | 1 165 406.0 | 614 586.0 | 12.5 | 334 325.0 | 194 730.0 | 1.6 |
| 2013 | 1 336 287.6 | 673 163.3 | 11.5 | 349 895.8 | 193 328.5 | 0.5 |
| 2014 | 1 355 559.7 | 689 041.2 | 1.44 | 355 068.4 | 192 545.0 | 1.48 |

数据来源：国家统计局，2010—2015 年的《中国统计年鉴》。

## 3.2 主要节能措施

2014 年我国建筑领域节能效果明显，所采取的主要节能措施包括以下几个方面：

**(1) 推广绿色建筑。**

从我国建筑能耗来看，无论按照单位面积还是人均水平都处于较低水平，但这不意味着我国建筑能效已经达到一个较高水平，目前与欧美等发达国家相比我国人均面积和人居舒适程度仍然有着较大差异，因此如果不尽快提高建筑能效，随着城镇化进程的推进，人民生活水平的提高，建筑能耗将急剧增加。“绿色建筑”的概念出现在 20 世纪中叶，是指在建筑的全寿命周期内，最大限度地节约资源（节能、节地、节水、节材）、保护环境和减少污染，为人们提供健康、

适用和高效的使用空间，与自然和谐共生的建筑。国内目前参评的建筑需要在建筑节能率、住区绿地率、可再生能源利用率、非传统水源利用率、可再循环建筑材料用量等绿色建筑评价指标方面达到《绿色建筑评价标准》的要求。

我国2006年制定了绿色建筑评价国家标准以来，绿色建筑发展迅速，截至2014年12月31日全国共评出2538项绿色建筑评价标识项目，总建筑面积约为2.9亿$m^2$，但是目前仍是设计标识占主要地位，约占总数的93.7%，运行标识式微，仅占标识总数的6.3%。2014年我国新建绿色建筑1.28亿$m^2$，可新增约12万tce的年节能能力。在国家大力推广下，2015年绿色建筑总量有望超过10亿$m^2$。

**(2) 实施节能设计标准**。

2014年全国城镇新建建筑全面执行节能强制性标准，新增节能建筑面积约为11.8亿$m^2$，可形成1065万tce的节能能力。全国城镇累计建成节能建筑面积86亿$m^2$，共可形成约8965万tce的年节能能力。北方采暖地区、夏热冬冷及夏热冬暖地区全面执行更高水平节能设计标准，新建建筑节能水平进一步提高。

在推广节能设计标准的同时，国家还加快了对建筑节能和绿色建材推广的力度。2014年，住房和城乡建设部、工业和信息化部以及建材相关领域专业机构发布了以《2014－2015年节能减排低碳发展行动方案》（国办发〔2014〕23号）、《绿色建筑评价标准》（GB/T 50378—2014）、《关于绿色建材评价标识管理办法》（建科〔2014〕75号）、《绿色建筑检测技术标准》（CSUS/GBC 05—2014）、《可再生能源建筑应用示范市县验收评估办法的通知》（建科〔2014〕138号）一系列的政策，措施大力推动建筑领域节能减排工作。

**(3) 实施既有居住建筑节能改造**。

我国城镇既有居住建筑量大面广。据不完全统计，仅北方采暖地区城镇既有居住建筑就有约35亿$m^2$有进行改造的必要。这些建筑已经建成使用二三十年，能耗、居住舒适度较差，其中很多在采暖季室内温度不足10℃，部分建筑同时存在结露霉变、建筑物破损等现象。2012年住建部印发了“关于印发既有居住建筑节能改造指南的通知”，对我国严寒和寒冷地区未执行《民用建筑节能设计标准（采暖居住建筑部分）》建设，并已投入使用的采暖居住建筑，通过对其外围护结构、供热采暖系统及其辅助设施进行供热计量与节能改造，使其达到现行建筑节能标准，用以保障建筑的人居舒适度和能源使用效率。

财政部、住房和城乡建设部安排2014年度北方采暖地区既有居住建筑供热计量及节能改造计划1.75亿$m^2$，约可形成192万tec的年节能能力。截至2014年10月，“十二五”累计完成改造面积7.5亿$m^2$，提前超额完成了国务院明确的“北方采暖地区既有居住建筑供热计量和节能改造4亿$m^2$以上”任务。

**（4）“被动房”建筑的实施**。

“被动房”的建筑概念是在德国20世纪80年代低能耗建筑的基础上建立起来的，是指不用主动的采暖和空调系统就可以维持舒适室内热环境的建筑。“被动房”的建筑方式不受楼宇类型的限制，包括办公楼宇、住房、校舍、体育馆以及工业用房。因此普通建筑可以通过改建达到“被动房”的标准要求，具有广泛的实践意义。

汉堡之家是中国境内首座获得认证的“被动房”，是上海世博会德国汉堡市城市最佳实践区案例馆。“汉堡之家”每平方米一年消耗相当于50kW·h的电量，仅相当于普通办公楼的1/4。它在屋顶上安装的光能利用设备可以提供建筑所需电能的90%，而地源热泵装置则为整个建筑的制冷和供暖供给能量。

2014年7月，在中国总理李克强和德国总理默克尔见证下启动的“中德生态园被动房”成为被动房落地中国的标志；2015年5月，“中新天津（楼盘）生态城”项目的正式启动意味着“被动房”进入实质阶段。与此同时，全球第二部、中国首部“被动房”河北标准暨《被动式低能耗居住建筑节能设计标准》开始实施。

“被动房”的出现体现了最高环保技术水平的创新建筑，同时也为生态建筑带来一丝新鲜血液。

**(5) 工业化房屋建造技术的应用**。

随着2015年住房和城乡建设部发布《工业化建筑评价标准》的国家标准，工业化建筑技术正式成为建筑领域节能技术的重要手段。工业化房屋建造是指以工厂预制、现场组装方式建造房屋。这种建造方式具有节材、节能、抗震、环保等优点，以装配式建造为例：整个工程搭设脚手架减少100%，大量节地节材；基本不用传统木模板、木方，节约木材90%；节约用水65%左右；节约钢材5%～8%；节约混凝土10%左右；减少现场施工垃圾90%；减少现场施工场地50%左右；减少现场作业人员50%以上；减少现场生活垃圾50%以上；提高建房速度4～10倍。目前中国已有成熟技术，通常工业化房屋建造技术采用钢结构、高强度预应力混凝土构件和轻质建材，据统计，欧美住宅建设产业化率超过60%，日本达70%，中国约为20%。国家计划到2015年底，除西部少数省区外，其他地方都应具备相应规模的构件生产能力；政府投资和保障性安居工程要率先采用这种建造方式；用产业化方式建造的新开工住宅面积所占比例逐年增加，每年增长2%。

**(6) 可再生能源建筑应用**。

我国用于建筑的可再生能源多种多样，利用量居世界首位。2014年，全国城镇太阳能光热应用面积约为31亿$m^2$；浅层地能应用面积约为0.67亿$m^2$，其中全国农村沼气利用量达到160亿$m^3$，节能太阳能热水器 4.1 亿 $m^2$，光伏发电 2184GW•h，7.8 亿 tce。我国用于建筑的可再生能源，见表 1-3-2。

**表 1-3-2　我国用于建筑的非水可再生能源利用情况**

| 类型 | 2010 年 | | 2011 年 | | 2012 年 | | 2013 年 | | 2014 年 | |
|---|---|---|---|---|---|---|---|---|---|---|
| | 实物量 | 标准煤量（万 tce） | 实物量 | 标准煤量（万 tce） | 实物量 | 标准煤量（万 tce） | 实物量 | 标准煤量（万 tce） | 实物量 | 标准煤量（万 tce） |
| 农村沼气（亿 $m^3$） | 145 | 1040 | 155 | 1110 | 156 | 1110 | 158 | 1130 | 160 | 1140 |
| 太阳能热水器（万 $m^2$） | 18 500 | 2220 | 21 740 | 2610 | 25 570 | 3070 | 31 000 | 3690 | 41 400 | 4810 |
| 光伏发电（GW•h） | 320 | 10 | 675 | 20 | 1560 | 50 | 1875 | 60 | 2184 | 70 |
| 地热采暖（万 $m^2$） | 3500 | 100 | 5000 | 140 | 8000 | 220 | 22 000 | 610 | 3100 | 860 |
| 地源热泵（亿 $m^2$） | 2.3 | 570 | 2.4 | 600 | 3.0 | 750 | 3.3 | 830 | 0.36 | 90 |
| **总计** | | **3940** | | **4480** | | **5200** | | **6320** | | **7780** |

注　1. 生物质直接燃烧包括秸秆和薪柴。
2. 太阳能热水器提供的能源为 120kgce/（$m^2$•a），地热采暖和地源热泵提供的能源分别为 28kgce/（$m^2$•采暖季）和 25kgce/（$m^2$•采暖季）。
3. 发电量按当年火力发电煤耗折算标准煤。

数据来源：国家统计局；国家能源局；农业部科技教育司；农业部规划设计研究院；住房和城乡建设部，中国农村能源行业协会太阳能热利用专业委员会；中国可再生能源协会；中国太阳能协会；国土资源部。

## 3.3　节能效果

2014 年，全国新建建筑执行强制性节能设计标准 11.8 亿 $m^2$，形成年节能能力约 1065 万 tce，其中绿色建筑形成年节能能力约 12 万 tce；北方采暖地区既有居住建筑节能改造面积[1]约 1.75 亿 $m^2$，形成年节能能力约 192 万 tce。经测算，2014 年建筑领域实现节能量 2537 万 tce。2014 年我国建筑节能情况，见表 1-3-3。

**表 1-3-3　2014 年我国建筑节能量**　万 tce

| 类别 | 2011 年 | 2012 年 | 2013 年 | 2014 年 |
| --- | --- | --- | --- | --- |
| 新建建筑执行节能标准 | 1300 | 1000 | 1300 | 1065 |
| 既有居住建筑节能改造 | 145 | 242 | 246 | 192 |
| 照明节能 | 1170 | 1110 | 1310 | 1280 |
| 总 计 | 2615 | 2352 | 2856 | 2537 |

[1] 来自 2015 年 3 月 30 日经济参考报。

# 4

# 交通运输节能

## 本章要点

**（1）交通运输系统包括公路、铁路、水运、航空等多种运输方式，整体呈现平稳增长态势，客运（货运）周转量也呈现出一定程度增长**。2014年，铁路、公路、水运和民航航线里程，分别比上年增长8.4%、2.5%、0.3%和12.9%；客运周转量整体比上年增长9.2%。其中，铁路、公路、水运和民航客运周转量比上年分别增长9.5%、7.4%、8.8%和12.0%；货运周转量整体比上年增长10.0%。

**（2）交通运输领域能源消费量增长迅速**。2014年，交通运输领域能源消费量为4.1亿tce，比上年增长5.4%，占全国终端能源消费量的13.6%。其中，汽油消费量10 331万t，柴油消费量12 413万t。

**（3）交通运输领域针对不同运输方式采取针对性的节能措施**。公路运输采取的主要措施包括推广节能环保和新能源汽车、普及应用节能技术和开展公路建设与运营节能等；铁路运输采取的主要措施包括构建节能型铁路运输结构、加强铁路运输基础设施节能和提升铁路运营管理能力等；水路运输采取的主要措施包括加强船舶能耗实时监测、开展绿色循环低碳技术推广应用、大力推进港口结构调整和完善港航组织管理等；民用航空采取的主要措施包括节能技术改造、管理节能改造、节能产品及新能源应用和加强机场建设和地面服务节能等。

**(4) 交通运输领域节能工作取得一定成效。**2014年，我国交通运输业能源利用效率进一步提高，公路、铁路和水路换算周转量能耗比上年分别下降了3.5%、2.6%和12.7%。按2014年公路、铁路、水运、民航换算周转量计算，2014年与2013年相比，交通运输行业实现节能量1522万tce。

## 4.1 综述

### 4.1.1 行业运行

在国家经济发展的新常态下，中国交通运输行业整体呈现出平稳增长态势。2014年，铁路、公路、水路和民航等领域大幅发展，运输线路长度、能源消费量等各项指标也呈现出不同增长态势。其中，铁路、公路、水运和民航航线里程，分别比上年增长8.4%、2.5%、0.3%和12.9%。我国各种运输线路长度，见表1-4-1。

**表1-4-1　我国各种运输线路长度**　万km

| 类　别 | 2005年 | 2013年 | 2014年 |
|---|---|---|---|
| 铁路营业里程 | 7.54 | 10.31 | 11.18 |
| 公路里程 | 334.52 | 435.62 | 446.39 |
| 其中：高速公路 | 4.10 | 10.44 | 11.19 |
| 内河航运里程 | 12.33 | 12.59 | 12.63 |
| 民用航空航线里程 | 199.85 | 410.60 | 463.70 |

数据来源：国家统计局，《2006中国统计年鉴》《2014中国统计年鉴》《2015中国统计摘要》。

2014年，客运（货运）周转量也呈现出一定程度的增长。客运周转量整体比上年增长9.2%，其中，铁路、公路、水运和民航客运周转量比上年分别增长9.5%、7.4%、8.8%和12.0%；货运周转量整体比上年增长10.0%，其中，铁路、公路、水运和民航货运周转量比上年分别增长−5.6%、9.5%、17.2%和9.3%。我国交通运输量、周转量和交通工具拥有量，见表1-4-2。

**表1-4-2　我国交通运输量、周转量和交通工具拥有量**

| 类别 | | 2005年 | 2013年 | 2014年 |
|---|---|---|---|---|
| 运量 | 客运（亿人） | 184.7 | 212.3 | 220.9 |
| | 铁路 | 11.6 | 21.1 | 23.6 |
| | 公路 | 169.7 | 185.3 | 190.8 |
| | 水运 | 2.0 | 2.4 | 2.6 |
| | 民航 | 1.4 | 3.5 | 3.9 |
| | 货运（亿t） | 186.21 | 410.2 | 438.1 |
| | 铁路 | 26.93 | 39.7 | 38.1 |
| | 公路 | 134.18 | 307.7 | 333.3 |
| | 水运 | 21.96 | 56.0 | 59.8 |
| | 民航 | 0.03 | 0.056 | 0.06 |
| 周转量 | 客运（亿人•km） | 17 467 | 27 572 | 30 096 |
| | 铁路 | 6062 | 10 596 | 11 605 |
| | 公路 | 9292 | 11 251 | 12 084 |
| | 水运 | 68 | 68 | 74 |
| | 民航 | 2045 | 5657 | 6333 |
| | 货运（亿t•km） | 80 258 | 168 165 | 185 398 |
| | 铁路 | 20 726 | 29 174 | 27 530 |
| | 公路 | 8693 | 55 738 | 61 017 |
| | 水运 | 49 672 | 79 187 | 92 775 |
| | 民航 | 78.9 | 170.3 | 186.1 |

续表

| 类 别 | 2005年 | 2013年 | 2014年 |
|---|---|---|---|
| 民用汽车拥有量（万辆） | 3159.7 | 12 670.1 | 14 598.1 |
| 其中：私人载客车 | 1383.9 | 9198.2 | 10 945.4 |
| 铁路机车拥有量（台） | 17 473 | 20 835 | 21 096 |
| 民用机动船拥有量（万艘） | 16.59 | 15.53 | 15.50 |
| 民用飞机拥有量（架） | 1386 | 4004 | 4168 |

数据来源：国家统计局，《2014中国统计年鉴》《2015中国统计摘要》。

### 4.1.2 能源消费

随着近年来交通运输能力的持续增强和交通运输规模的不断扩大，交通运输行业能源消费量呈现快速增长态势。2014年，交通运输行领域能源消费量为4.1亿tce，比上年增长5.4%，占全国终端能源消费量的13.6%。汽油消费量10 331万t，柴油消费量12 413万t。2014年我国交通领域分品种能源消费量，见表1-4-3。

**表1-4-3 我国交通运输业分品种能源消费量**

| 品种 | | 2005年 | | 2013年 | | 2014年 | |
|---|---|---|---|---|---|---|---|
| | | 实物量 | 标准量 | 实物量 | 标准量 | 实物量 | 标准量 |
| 石油（万t） | 汽油 | 4609 | 6591 | 9550 | 14 052 | 10 331 | 15 201 |
| | 煤油 | 740 | 1088 | 1980 | 2913 | 2169 | 3190 |
| | 柴油 | 6518 | 9497 | 12 201 | 17 778 | 12 413 | 18 087 |
| 燃料油（万t） | | 1209 | 1729 | 1760 | 2514 | 1850 | 2642 |
| 液化石油气（万t） | | 49 | 83 | 100 | 171 | 105 | 180 |
| 电（亿kW·h） | | 430 | 529 | 989 | 1215 | 1026 | 1261 |

续表

| 品 种 | 2005年 | | 2013年 | | 2014年 | |
|---|---|---|---|---|---|---|
| | 实物量 | 标准量 | 实物量 | 标准量 | 实物量 | 标准量 |
| 天然气（亿 $m^3$） | 38 | 51 | 180 | 239 | 195 | 260 |
| 总计 | | 19 683 | | 38 883 | | 40 821 |

**注** 1. 道路交通用油量未计车用替代燃料。1t 液化天然气＝725$m^3$天然气，1t 压缩天然气＝1400$m^3$天然气，1t 液化石油气＝800$m^3$天然气。
2. 自 2010 年起天然气消费量包含液化天然气。
3. 标准量单位均为万 tce。

数据来源：国家统计局；国家发展改革委；国家能源局；国家铁路局；中国电力企业联合会；中国汽车工业协会；中国汽车技术研究中心；王占黎，单蕾，中国天然气行业 2014 年发展与 2015 年展望，国际石油经济，2015，No.6，37-43；田春荣，2014 年中国石油和天然气进出口状况分析，国际石油经济，2015，No.3，57-67；钱兴坤，姜学峰，2014 年国内外油气行业发展概述及 2015 年展望，国际石油经济，2015，No.1，35-43；能源数据分析手册 2014。

## 4.2 主要节能措施

交通运输是能源消费的主要部门，也是能源依赖性最强的部门之一。近年来，为有效推进交通运输领域的节能工作，国家有关部门从政策激励、专项行动、低碳体系及试点建设、示范项目、技术创新及应用等方面积极采取措施，并取得一定成效，但是与国外相比，我国交通部门仍有较大的节能潜力。据估计，中国机动车燃油经济性水平比欧洲低 25.0%，比日本低 20.0%，比美国低 10.0%。分车型来看，我国汽车平均每百吨公里油耗比发达国家高 20.0%以上，卡车高出近 50.0%，内河船舶每吨公里油耗甚至比发达国家高 20.0%以上[1]。

[1] 交通运输节能减排专项资金项目管理工作简报，2012 年第 4 期。

交通运输系统涵盖了公路、铁路、水运、航空等多种运输方式，且各运输方式又拥有多种类型的交通工具，在燃油类型、能耗等方面存在较大差异。因此，每种运输方式在结合整个交通领域节能减排路径及措施的情况下，根据自身用能种类、用能结构及用能特征的不同，均可以采取有针对性的节能减排措施。

### 4.2.1 公路运输

**(1) 推广节能和新能源汽车**。

2014 年 7 月，国务院下发《关于加快新能源汽车推广应用的指导意见》。截至 2014 年 12 月 24 日，工业和信息化部已发布共计 64 批《节能与新能源汽车示范推广应用工程推荐车型目录》，重点发展纯电动汽车、插电式（含增程式）混合动力汽车和燃料电池汽车。为了创造良好发展环境，加快培育市场，促进节能和新能源汽车产业健康快速发展，国家还出台了一系列配套政策及措施。

**补贴政策**。2013 年 9 月 30 日，发展和改革委等部门印发《关于开展 1.6 升及以下节能环保汽车推广工作的通知》，决定从 2013 年 10 月 1 日起，对 1.6L 及以下节能（环保）汽车开始实施第三轮补贴政策，与前两轮补贴政策相比，将“节能汽车”改为“节能环保汽车”，更加鼓励节能环保技术和产品；同时，排放标准更加严格，将点燃式汽车的限值加严 25%～35%，压燃式汽车的氮氧化物加严 28%，颗粒物加严 82%。

**充换电设施建设**。为了解决电动汽车充电难题，鼓励电动汽车的推广应用，国家积极部署和大力推进充换电设施建设。国家层面先后出台了《关于新能源汽车充电设施建设奖励的通知》和《关于加快电动汽车充电基础设施建设的指导意见》，地方政府层面也出台了一系列推动充换电设施建设的配套措施。

**优惠电价**。2014 年 7 月，发展和改革委下发《关于电动汽车用电价格政策有关问题的通知》，确定对电动汽车充换电设施用电实行扶持性电价政策。该通知明确，对经营性集中式充换电设施用电实行价格优惠，执行大工业电价，并且2020年前免收基本电费。居民家庭住宅、住宅小区等充电设施用电，执行居民电价。电动汽车充换电设施用电执行峰谷分时电价政策，鼓励用户降低充电成本。

低速电动车：根据《纯电动乘用车技术条件》，最高车速低于80km/h，续航里程小于80km的电动车为低速电动车。与常规电动自行车或摩托车相比，低速电动车具有便宜、便捷、安全、舒适的特点。低速电动车的功率为4～10kW，电池容量为3～12kW•h，以铅酸电池为主，中高端电动车采用锂离子动力电池，速度为40～80km/h，续航里程最大为80～150km。低速电动车市场需求巨大，在农村和三、四线城市较为畅销，2014年销量达到了40万辆，2015年预计达到60万辆。

**（2）普及应用节能技术**。

**特长公路隧道“双洞互补”式网络通风技术**。利用“双洞互补”原理，以纵向通风辅以双向换气系统将两条隧道联系起来进行内部相互通风换气，用下坡隧道富裕的新风量弥补上坡隧道新风量的不足，使两条隧道内空气质量均满足通风要求，有效解决了长度为4～7km的特长公路隧道通风难题。据测算，该技术年节能量约为810tce[1]。

**高速公路不停车收费系统（ETC）**。车辆在不停车收费过程中，可减排$CO_2$ 50%以上。ETC车道的通行能力是普通车道的4倍，有

[1] 交通运输部，交通运输行业首批绿色循环低碳示范项目。

利于集约用地。结合北京 ETC 的实际应用，研究结果显示，2 条 ETC 车道约相当于 4 条 MTC 出口车道和 1.7 条 MTC 入口车道的通行能力之和，收费站综合通行能力得到提升。相比人工收费，每 104 次 ETC 交易将节约 314 L 燃油消耗，并减少 56 kg 各类污染物排放。随着 ETC 用户数和交易量的进一步迅速增长，系统所带来的正效益将呈现指数形态的增长[1]。截至 2015 年 7 月，全国已经建成 ETC 专用车道 8883 条，用户 1508 万，每年可节油 4446 万 L。

**铝制挂车**。用铝替代钢制造载重汽车挂车。目前，我国载重挂车约 300 万辆，占比小，但是汽油消耗量占载重汽车的 1/4。载重挂车自重每减少 10%，油耗可以减少 8%～10%。按照标准车体计，铝制挂车比钢制挂车减重 3t，年行驶 15 万 km，每车每年省油 5175L，减排 12.9t $CO_2$。我国推广铝制挂车刚刚起步，普及率如果能够达到发达国家的 70%水平，每年可以节油 766 万 t，减排 2200 万 t $CO_2$，节油和提高动力的经济效益达到 1780 亿元。

**应用车辆恒温冷却系统**（ATS）。车辆恒温冷却系统通过独立布置散热器和中冷器，设置多个电子风扇，通过调整电子风扇转速来调整换热器的换热效率，实时保证供给发动机的水、气温度基本恒定，满足发动机最佳工作温度，保证理想的动力输出环境，减少燃料消耗和尾气排放。

以实施“车辆恒温冷却系统”的某运输集团为例，2013 年，该运输集团在所辖主城区 1000 辆公交车安装使用了 ATS 系统，实现每年节约天然气 168 万 $m^3$，折合 2040tce。

---

[1] 北京市电子不停车收费系统综合效益评价，公路交通科技，2012 年 7 月。

**(3) 开展公路建设与运营节能**。

从施工工艺和新技术措施落实节能减排，提高材料的循环利用率，推广应用节能新技术和新产品，深挖节能减排潜力。

在公路建设方面，推广应用沥青路面再生技术和温拌沥青铺路技术，大力推进沥青和水泥混凝土路面材料再生利用，废旧轮胎胶粉改性沥青筑路应用，粉煤灰、矿渣、煤矸石等工业废料在交通建设工程中应用。

在运营管理方面，重视公路管理运营领域的节能减排，关注高速公路服务区和公路收费站节能减排技术改造。对全国 100 个高速公路服务区、1600 个收费站实施节能照明改造，并试点开展太阳能风光互补方式供电改造，建设低碳服务区。

**成品温拌沥青及其混合料应用：**在沥青生产过程中加入表面活性剂，制成“成品温拌沥青”，用来代替常规热沥青，直接拌制出温拌沥青混合料。温拌沥青混合料拌合温度相比传统沥青拌合可降低 30℃以上，每生产 1t 温拌沥青混合料可节约燃油 1.5～2.0kg，减排约 60%，切实减少施工对现场人员健康的危害。

**废旧轮胎在公路工程中的综合应用：**以废旧轮胎为生产加工原材料，通过胶粉加工、脱硫预处理等技术手段，生产路用橡胶粉沥青，同时对轮胎胶粉分离出的废钢丝进行再利用，制作纤维混凝土、导电混凝土等路面新材料。从 2010 年至今，已在广西隆林至百色高速公路、钦州至崇左高速公路连线上应用了约 250km，共应用废旧轮胎橡胶沥青 26 600t，废旧轮胎胶粉 5000t，应用效果良好。

### 4.2.2 铁路运输

**(1) 构建节能型铁路运输结构。**

**高速列车。**根据德国航空和空间技术研究院测试，时速300km的高速列车每人公里油耗相当于2.85L汽油，时速150km的轿车平均油耗为6L汽油，空中客车为7.7L。高速列车节能措施主要有减轻车辆自重、改善列车运行的空气动力学特性（如车体平滑化）、采用再生制动技术、制动能量回收利用、改善车上电力设备性能（如大型节能卷铁牵引变压器、超导变压器和永磁同步电动机等）。

**电气化铁路。**电气化铁路作为优化铁路能耗结构的重要措施，近年来在我国得到了快速发展。至2014年底，全国电气化铁路营业里程达到6.5万km，比上年增长16.9%，电化率为58.3%，比上年提高4.2个百分点[1]。电气化铁路的发展优化了铁路能耗结构，“以电代油”工程取得积极进展。

**高速铁路永磁同步牵引系统：**永磁同步电动机是由永磁体产生磁场，从而避免由励磁电流产生磁场导致的励磁损耗。我国南车株洲电力机车研究所研制成功高速列车永磁同步牵引系统。大功率（690kW）永磁同步电动机与传统异步电动机相比，可以节能10%以上。

**(2) 加强铁路运输基础设施节能。**

**合理布局铁路路线和配套设施。**合理布置各类车站、段、所工艺流程和列车进出路线，保持列车运行通畅、减少列车和内部车辆走行距离。合理布局各类电、热、冷、空、气和水等管路，尽量采用区域

---

[1] 交通运输部综合规划司，2014年交通运输行业发展统计公报。

性热源、冷源和气源等，减少线路长度和降低能源消耗。

**采用节能型建筑设计站房**。在车站设置转换开关式照明，站房、站台和车库顶部设置顶光窗，以减少照明用电力，在建筑物的顶棚上加隔热层、加双层玻璃，以节省空调耗电。

**推广可再生能源利用**。目前，国家在铁路客货枢纽和综合车站采用地源热泵、冷热电三联供热泵、光伏发电、风冷热泵及水冷螺杆冷水机组等可再生能源利用技术，推广中水利用和节能光源，提高高速铁路的资源综合利用效率。

以某省会城市铁路局为例，该铁路局在近年来共投资1686.1万元资金用于推广地源热泵技术11处，形成建筑面积28 858m²。其中，投资1186.1万元，用于对原来用燃油锅炉采暖的9处进行改造为利用地源热泵技术进行采暖，共计采暖建筑面积23 698m²，形成年节约燃油425t，年实现85万kW•h的节电效果。

**(3) 提升铁路运营管理能力**。

**组织满载货物运输，提高机车运输效率**。至2013年底，国家铁路货运列车平均总重3548t，提高18t，增长0.5%；全国铁路日均装车16.8万车，增加2410车，增长1.5%；国家铁路货车平均静载重完成64.4t，提高0.4t，增长0.6%；货车周转时间4.7天，延长0.04天。

**强化能耗计量管理，完善能耗统计体系**。加快节能监测组织体系建设，提高监测的系统能力；完善能耗考核体系，建立科学合理的考核指标形成机制，不断改进能耗考核的激励约束效力；机车用能实现全程监控，消除跑、冒、滴、漏；提高乘务员操作水平，保持机车的经济运行；加强空调客车制冷、制热管理，采用自控装置，降低能耗。

### 4.2.3 水路运输

**(1) 加强船舶能耗实时监测。**

**加强能耗实时监测，加强能源管理。**选取航运船舶作为监测对象，通过分析船舶燃料消耗影响因素，确定统计指标，通过整理本辖区船舶数据库，确定船舶燃料消耗统计调查方法、典型船舶及燃料消耗监测方法，将船舶燃料消耗模块纳入现有港航船舶综合监管系统，并根据船型选择合适的燃油监测设备，开发软件系统，实现对船舶能耗的实时监测。

工程船舶燃油智能化监控系统：该系统由船舶燃油智能化监控系统（管理端）、船舶燃油监控数据采集系统（船舶端）、GPRS（远程无线传输系统）、GPS组成。借助电量传感器和速度传感器采集信号，通过无线网络将数据定时传送至岸基监控管理平台，系统可实现统计、分析、监控和指导生产的功能，对船机燃油实施科学化、数字化管控，年节能量306 toe，适于近岸施工的工程船舶进行推广应用。

**(2) 开展绿色循环低碳技术推广应用。**

**“油改电”技术。**“油改电”技术主要包括三种应用实践，分别是轮胎式集装箱门式起重机（RTG）“油改电”技术、港口装卸机械“油改电”改造技术和港区运输车辆的“油改电”技术。据统计，“十二五”期间，交通运输部共计投入8458万元节能减排专项资金补助以上海港、天津港和宁波港为代表的16家港口企业开展集装箱码头轮胎式场桥“油改电”工作，沿海主要集装箱码头基本完成了轮胎式场桥“油改电”。该技术的应用产生了显著节能减排效果，共计节能6.5万tce，替代8.5万toe，减排25万t $CO_2$。

**港口带式输送机节能改造技术**。带式输送机作为港口散状物料的主要运输工具，是港口主要能耗设备。带式输送机的节能改造措施包括电动机运行数量控制节能、系统启动流程优化节能技术、全变频恒力矩调速节能技术、异步电动机接法变换节能、流量自动控制技术、高效节能电动机、水平转弯带式输送机技术、圆管带式输送机技术，以及“一带双机”堆取共用带式输送机系统工艺优化技术等[1]。

**靠港船舶使用岸电技术**。靠港船舶使用岸电技术是交通运输部在“十二五”期间重点推广的节能减排技术，通过港口企业、科研院所联合攻关，技术基本成熟并已形成产业化，出台了多项技术标准，目前已经在连云港港、上海港、青岛港、深圳招商、宁波港、神华黄骅港等港口得到了示范应用，建成岸电系统 12 台套。用于岸电技术补贴的节能减排专项资金约 1032 万元，岸电的实施产生 1 万 toe 左右的替代燃料量，有效减少了 $CO_2$ 和污染物的排放。

**港区配置油气回收系统**。港口液体散货码头在装船过程中，VOCs 蒸气从船舱透气管、呼吸阀溢出进入大气，由于装船作业量大、效率高，因此油气挥发非常突出，带来港口环境、安全和能耗等一系列问题。油气回收技术在国外大型港口较为普遍，但是在国内应用较少。目前比较常用的油气回收装置有循环回路法、吸附法、吸收法、冷凝法和油气回收等。

**水深维护无溢流耙吸疏浚技术**。为解决传统耙吸疏浚方式存在的离心泵所吸疏浚土浓度低、溢流造成疏浚土二次排放等问题，天津港针对水深维护疏浚技术模式开展研究，创造性地提出了将无溢流耙吸疏浚技术应用到疏浚工程中，研发了一套国际先进的港口水深维护疏

---

[1] 防城港港口带式输送机系统节能改造技术研究，中国水运，2014 年 7 月。

浚技术。2013年采用该技术直接节约柴油2525t，间接减少维护疏浚量83.0$m^3$，适于在各大港口推广应用。

绿色低碳循环技术的综合利用：以常州市为例，常州市航道管理处在丹金溧漕河金坛段航道整治项目中采用土方综合利用、水利设施共建、绿色廊道、水上混凝土运泵一体化、驳岸墙大模板小龙门移动模架等一系列绿色循环低碳技术，实现节能量超过7000toe，节约建设成本4000多万元，经济效益显著。同时，资源综合利用、生态岸坡、绿色走廊等工程也产生了显著的环境和社会效益。

**(3) 大力推进港口结构调整**。

**完善港口布局，优化港口结构**。着力完善沿海、沿江和内河港口布局，扩大港口能力，提升港口等级。加快建成煤炭、石油、铁矿石、集装箱等海运直达、江海河转运和长江中上游中转联运的专业化、集约化运输系统布局。进一步衔接综合运输系统，加快完善港口集疏运体系，推进水水中转和铁水联运，提高集疏运效率。加强沿海、沿江港口结构调整、资源整合力度，促进港口群之间的功能互补和有效协作，着力实现品质与内涵的提升，提高港口的集约利用效率。推进内河港口向等级标准化、布置集中化、作业机械化方向发展，以高等级内河航道建设为契机，打造内河水运枢纽，构建高效综合服务、畅通平安绿色的内河航运体系。加强老码头改造升级和货主码头公用化，提升既有码头设施的专业化和现代化水平，提高港口通过能力和生产效率，降低港口生产能耗和碳排放水平。

**(4) 完善港航组织管理**。

**船联网**。内河航道与物联网融合，实现人船互联、船船互联、船货互联和船岸互联的内河智能航运网络，具有智能识别、定位、跟踪、监控、管理等功能。2014 年，浙江杭州、嘉兴、湖州，江苏无锡、泰州、镇江等试点城市开始建设船联网，包括船舶航运信息传输网络、水运数据中心监测和数据整合、水路交通监测预警平台等。采用的技术有无线射频识别技术（RFID）、便捷过闸系统（水上ETC）、电子标签（OBU）、全球定位系统（GPS）、自动识别系统（AIS 终端）。

以实施“设施网格化管理系统”的天津港为例，天津港以北疆港区为试点开展网格化设施管理建设工作，运用信息化技术，完成基于工作流驱动的业务受理及协同工作应用、基于GIS/GPS的图形化引导应用、基于 3G 无线通信技术的移动终端应用等，实现了对港务设施的网格化管理，可实现年均节能量 12.4toe，适于在大型港口企业进行推广应用。

### 4.2.4 民用航空

**(1) 节能技术改造[1]**。

**飞机加（选）装翼尖小翼（鲨鳍小翼）**。在翼尖安装一组小翼面，利用小翼增加机翼有效展弦比，减小机翼诱导阻力，提高飞机经济性、降低燃油消耗。据估计，飞机加（选）装翼尖小翼后，单架飞机年节能量为 182.5t 燃油。

**发动机节能改造**。利用先进的飞机发动机材料和工艺，对现有飞机发动机进行升级改造，提高发动机燃油效率，减少燃油消耗。据估

[1] 航空公司应用航空生物燃料的成本效益分析，化工进展，2014 年 5 月。

计，飞机发动机节能改造后，单架飞机年节能量为45.6t燃油。

**飞机减重喷漆降阻技术**。通过选装轻型座椅、轻质厨房项目（包括餐车、饮料车、垃圾车）、轻质航空运输集装器、轻质航机媒体装置和炭刹车系统改装等，降低飞机对升力需求，降低飞行油耗，或在相同飞行油耗下，增加业载重量，降低单位运输周转量（收入吨公里）油耗。飞机每小时因携带额外重量所多消耗的燃油量相当于额外重量的3%～4%，采用3.5%均值计算，单架飞机年节油量127.8kg。飞机减重可采用轻型座椅进行减重，相当于每个座椅减轻3kg，则整个飞机减重达450kg，年节油量为57.49t。此外，在飞机表面重新喷漆，减少空气阻力，也有助于降低飞机油耗。

**飞机发动机清洗设备**。通过自主开发研制、购置或租赁先进的飞机发动机清洗设备/设施，定期或视情对飞机发动机气路进行清洗，提高飞机发动机排气温度裕度，恢复飞机发动机效率，减缓发动机性能衰减，达到节省燃油目的。

**推广应用桥载设备替代飞机APU**。桥载设备（GPU）主要包括静变电源和飞机地面专用空调。400Hz桥载静变电源是将380V/50Hz市电转换成稳定的115V/400Hz电源，为飞机在地面停留期间提供电能的地面设备；飞机地面专用空调是在飞机靠桥期间为飞机客舱提供冷（热）空气的专用空调机组，而400Hz桥载电源和飞机地面专用空调依靠电力提供能源，在飞机靠桥期间可以关闭APU，从而节省航空燃油。2013年在第一批18个机场实施“桥载设备替代飞机APU”项目的基础上，继续推进其余9个符合条件的机场进入立项和可研审批程序。经测算，500万人次以上机场全部使用桥载设备替代APU后，全行业每年将节省航空煤油27万t，减排85万t $CO_2$。

**（2）管理节能改造**。

**优化空域结构，改善机队结构**。加强联盟合作等措施提高运输效率、降低单位产出能耗和排放量。2013年，全行业在册运输飞机平均日利用率为9.53h，比上年提高0.38h；正班客座率平均为81.1%，比上年提高1.5个百分点；正班载运率平均为72.2%，比上年提高1.6个百分点。

**优化航路结构**[1]。航路结构的优化主要包括航路优选和航路优化两部分。航路优选是指为城市对之间选择多条可用飞行航路，结合气象、空域、导航设施、航路使用情况等条件因素，选择最有利航路飞行，以达到减少飞行时间和降低耗油的目的。航路优化指的是优化航路中的一部分航段，减少飞行时间和油耗。结构优化的方法主要有利用各国空域调整信息优化航路结构、利用CDSs优化新的航路结构、利用高空风的季节变化定期结构优化。

**优化调度临时航线**。2013年，航空公司使用临时航线约有41.3万架次，缩短飞行距离超过1400万km，节约航油消耗7.6万t，减排24万t $CO_2$。

**节油大数据分析系统**。在航空公司现有运行系统（包括签派放行模块、配载平衡模块等）的基础上，以降低燃油消耗为主要目标，购置（开发）或升级（改造）节油大数据分析功能模块，达到飞行运行节油优化，精确测算用油量，降低燃油消耗。

**基于QAR数据与实时风温数据的燃油精细化管理系统**。将飞机快速存取记录器（QAR）数据、风温数据以及飞机通信寻址与报告系统（ACARS）数据等作为分析基础，以燃油消耗为主要分析对象，综合考虑机组操纵、发动机性能、航路条件以及飞机配载等因素，形

---

[1] 优化航路结构，推进航空公司节能减排，2013年5月，中国民用航空。

成节油运行建议并及时反馈至飞行运行环节，作为飞行节油、精细化管理基础工具，实现降低油耗目标。

**楼宇能源监控系统建设**。本项目中楼宇包括航站楼、办公楼、教学培训设施等建筑物以及能源供给侧的能源中心（站）。通过楼宇能源管理系统（BEMS）的建设与使用，促进楼宇设施的能源管理和控制，实现在不影响楼宇舒适性的前提下显著减少能源的消耗。主要包括：建立动态的能耗分析与能效评估系统，实时监控与分析各类能源的使用情况以及相关影响因素，为提升能源使用效率提供决策数据与措施建议。

北京、浦东往返悉尼的航线走向《管制一号》中规定由广州出境，经香港、菲律宾、印度尼西亚进入澳大利亚。经分析，若冬季北京、浦东去往悉尼的航线改走大连、上海出境，经关岛、巴布亚新几内亚进入澳洲，虽然航线距离稍远，但可以利用冬季的顺风，缩短实际飞行时间。实际跟踪结果显示，2010年11月18日至2011年5月31日，澳洲航线已经为国航节省飞行时间98h，减少耗油512t，增加业载497t，共节省228.3万元。

**(3) 节能产品及新能源应用**。

**节能照明改造**。结合灯具使用区域实际情况，将现有传统低效照明灯具改造为高效节能灯具、利用自然光或对照明管控系统实施智能化改造，包括以下一项或多项改造：机场场区（航站楼、飞行区）照明改造；办公楼/生产用房照明改造；停车楼（场）/道路照明改造；教学、培训场所和设施照明改造。

**供热/制冷改造及管网敷设改造**。通过以下一项或多项改造，降低锅炉本体及烟气热损失，提高供热/制冷系统按需供能水平，加强供热/供冷管道保温能力，降低输送环节热损失，进而降低系统总体能耗。比较常见的改造项目包括：总部大楼、训练基地等处中央空调系统、热力站及其他制冷系统节能改造；锅炉房烟气余热回收系统改造；变频泵节能应用；供热/供冷管道保温敷设改造。

**供热/制冷新技术应用**。利用蓄热蓄冷、移峰填谷、热泵、热冷电联供等技术和产品改造既有供热供冷设施，提高效率，降低能耗。主要包括以下项目：水（冰）蓄冷技术改造项目（规模不低于1000冷吨）；地源热泵技术改造项目；热冷电联供项目；真空快速冷却系统替代冷库项目。

**优化机场区域供电质量优化**。对区域电网进行全面、系统测试，掌握用电设备产生谐波状况及谐波在电网中的分布规律，利用动态无功补偿及电网谐波治理技术及设备，解决机场区域电网功率因数低、高次谐波污染等问题，降低能耗和能源浪费。

**建筑新材料、新技术节能应用**。对既有建筑物进行节能改造，降低建筑物围护结构因建筑材料传热系数大导致的热交换，减小因通风、采光导致的室内温度变化幅度，降低暖通空调系统的负荷，达到建筑节能目标。具体包括：外墙、屋面保温/隔热材料及技术应用项目；节能型门窗应用项目；内/外遮阳项目。

**非化石能源应用**。通过实施太阳能光伏、光热项目，将太阳能转化为电能或热能，减少传统化石能源的消耗，比如分布式光伏电站项目和基地安装太阳能热水器项目。

**使用航空生物燃料**。以动植物油脂（如餐饮废油）和农林废弃物为原料制成的航空燃料。全生命周期碳排放量与传统航油比减少35％以上。我国研制生产的中石化一号生物航空煤油，由餐饮废油为原料，采用加氢工艺生产，以1∶1的比例与普通航空煤油混合使用。

2015年3月21日，加注生物航空煤油的海航客机从上海飞往北京，首次商业性载客飞行成功。根据国际航空运输协会预测，2020年生物航空煤油占航空煤油消费量的30%。

**(4) 加强机场建设和地面服务节能**。

加快建立和推行绿色机场建设标准，促进绿色机场的合理有序建设；在新建机场和既有机场改扩建中，建设单位要大力加强节能新技术的应用，优先采用高效率、低能耗的设计方案；加强地面服务节能，飞机在地面停放、检修或牵引飞机时，尽量少用引擎和辅助动力装置，尽可能使用电源车、气源车等设备为飞机提供电源，可显著节省燃油。

### 4.2.5 通用措施

**(1) 大力推广绿色运营，加强绿色维护管理**。

大力推广绿色驾驶，总结和推广交通运输装备绿色驾驶操作与管理经验、技术，组织编写驾驶员绿色驾驶操作手册和培训教材，培养机动车驾驶员的节能减排意识和技能；大力推广车辆驾驶培训模拟装置，力争到2015年，实现全国使用模拟器教学的驾培机构覆盖面达到75%以上。

组织实施绿色维修工程。组织实施绿色维修工程，针对目前我国机动车维修业的环保状况，从机动车维修业的废物分类、管理要求、维修作业和废弃物处理等方面加强机动车维修的节能减排工作。严格落实交通运输装备废气净化、噪声消减、污水处理、垃圾回收等设备设施的安装使用要求，提升运输场站、港口码头、高速公路服务区等环境基础设施建设水平。推进模拟驾驶和施工、装卸机械设备模拟操作装置应用。积极推广应用机动车绿色检测维修设备及工艺。继续开展码头油气回收技术试点示范。

水性汽车修补漆：水性漆是指用水作溶剂或分散介质的涂料。不含苯、甲苯、二甲苯、甲醛、游离 TDI（甲苯二异氰酸酯）及有毒重金属，对人体无害，不污染环境。使用水性漆可以有效减少 VOC（挥发性有机化合物）的含量。使用水性面漆可以减少 VOC 使用量 48%，使用水性底漆可以减少 VOC 使用量 28%。项目每年可为 1800 辆次的汽车提供服务，使用水性漆后，稀料节约 689L，总漆料成本支出节约 20%，同时效率也大幅度提高。

**（2）加快构建绿色交通运输组织体系。**

**建立绿色综合交通运输体系。**积极促进铁路、公路、水路、民航和城市交通等不同交通运输方式之间的高效组织和顺畅衔接，加快形成便捷、安全、经济、高效的综合运输体系。着力扩大路网规模，完善路网结构，提高路网质量，统筹铁路综合枢纽协调发展，形成人畅其行、货畅其流的现代化铁路运输体系。进一步完善高速公路、国省干线和农村公路网络，优化公路客货运站场布局，大力促进城乡客运一体化进程。加快形成以高等级航道为主体的内河航道网，推进港口结构调整。积极推行公交优先战略，进一步提升城市公共交通分担率，建立以公共交通为主体，多种交通出行方式相互补充、协调运转的城市客运体系。

**依托“互联网＋”发展现代物流。**加快发展道路甩挂运输、滚装运输、驮背运输、江海直达运输等高效运输方式。继续推进集装箱铁水联运示范项目建设和集装箱铁水联运物联网工作。组织开展第四批甩挂运输试点，重点推进渤海湾、长江沿线等区域的滚装甩挂运输、网络型甩挂运输、甩挂运输联盟发展。研究制定零担快运、城市配送有关服务标准和规范，开展城市绿色货运配送示范行动。

**优化客运组织管理**。推进接驳运输、滚动发班等先进客运组织方式，深化和扩大长途旅客运输接驳运输试点。推广联程售票、网络订票、电话预订等方便快捷的售票方式及信息服务，启动首批省域道路客运联网售票系统建设。

**优化城市交通组织**。推进公交都市示范城市创建活动。优化城市公共交通线路和站点设置，科学组织调度，逐步提高站点覆盖率、车辆准点率和乘客换乘效率，增强公交吸引力。加强静态交通管理，推动实施差别化停车收费。综合运用多种交通需求管理措施，加大城市交通拥堵治理力度。

2015年7月21日，交通运输部、国家发展改革委联合下发《关于开展多式联运示范工程的通知》，要求明年在全国范围开展15个多式联运示范工程。该通知提出，在大物流的发展形势下，货物运输要求速度快、损失少、费用低，要充分发挥公路、铁路、水路等多种运输方式各自的优势，构建综合运输网络。公铁联运正是为了适应我国物流业转型改革的需要应运而生的。它发展的战略就是要有效地发挥铁路运输的准时、安全、费用低以及公路运输快速、灵活、服务到门的优势，形成为客户提供快速准时、安全高效、费用相对较低的“门到门”物流服务体系，有着十分广阔的发展前景，将对节能减排改善环境起到积极作用。

**(3) 推进智能信息化交通运输体系建设**。

智能交通是指在现有交通设施的基础上，将先进的信息技术、通信技术、控制技术、传感技术和系统综合技术有效的集成，并应用于地面系统，从而建立起大范围内发挥作用的实时、准确、高效的运输系统。据预测[1]，完善的智能交通系统可使路网运行效率提高80%～100%，堵塞减少60%，交通事故死亡人数减少30%～70%，车辆油耗和$CO_2$排放量降低15%～30%。为大力推进智能信息化交通运输体系建设，中国交通部在2012年7月发布了《交通运输行业智能交通发展战略（2012－2020年）》，为推进中国智能信息化交通指明了方向。

**推广智能交通技术**。推广符合国家技术标准的无线射频识别、智能标签、智能化分拣、条形码技术等，提高运输生产能效。推广城市公交智能调度系统、出租车服务管理信息系统、自动化大型化码头、集装箱码头集卡全场智能调度系统、内河船舶免停靠报港信息服务系统、内河智能导航系统、内河智能航道系统等。完善公众出行信息服务系统。

**推动重大试点示范工程**。制定交通运输物流公共信息平台建设工作计划，指导国家平台管理中心开展园区互联应用试点、平台国家级管理服务系统建设。推进城市公共交通智能化试点工作，启动第二批城市公共交通智能化示范工程。加快推进部省两级路网管理平台建设和联网运行。

**完善智能化交通体制机制**。推动交通运输行业数据的开放共享和安全应用，充分利用社会力量和市场机制推进智慧交通建设；完善交通运输科技创新体制机制，强化行业重大科技攻关和成果转化，推进新一代互联网、物联网、大数据、“北斗”卫星导航等技术装备在交

[1] 王庆一，2013年能源政策。

通运输领域的应用。

**车联网**。将车联网技术应用于汽车。车载电子标签通过无线射频识别（RFID）、卫星导航、移动通信、无线网络等设备，在网络信息平台上提取、利用所有车辆的属性信息，以及静、动态信息，对所有车辆的运行状态进行检测和监管，并提供多项服务，实现“人-车-路-环境”的和谐统一，对节能减排和行车安全有很大促进作用。我国已在智能公共交通、智能停车管理、不停车收费、车辆信息采集等方面应用车联网技术。2014年，全国已有700多万辆新车安装车载信息服务终端。

智能集群调度：把公交传统管理与信息化、智能化高度融合，其核心是计划调度优化和现场运营组织，通过提高车辆运营效率，保证线路营运车辆准点、均衡、有序，减少无效耗能。以上海浦东新区为例，浦东公交现已在600辆车上应用智能集群调度，提高公交营运效率约10%，效果明显，按当前600辆公交的规模，相当于增加了60辆公交车，可创造直接经济效益1720万元。

## 4.3 节能效果

2014年，我国交通运输业能源利用效率进一步提高，公路、铁路、水路单位换算周转量能耗比上年分别下降了3.5%、2.6%和12.7%。按2014年公路、铁路、水运、民航换算周转量计算，2014年与2013年相比，交通运输行业实现节能量1522万tce。我国交通运输主要领域节能情况，见表1-4-4。

表 1-4-4　　我国交通运输主要领域节能量

| 类型 | 单位运输周转量能耗［kgce/（万 t•km)］（换算） | | | 2014 换算周转量（亿 t•km) | 2014 年节能量（万 tce) |
|---|---|---|---|---|---|
| | 2005 年 | 2013 年 | 2014 年 | | |
| 公路 | 556 | 462 | 446 | 62 337 | 997 |
| 铁路 | 55.9 | 46.6 | 45.4 | 39 135 | 47 |
| 水运 | 50.8 | 41.1 | 35.9 | 86 597 | 478 |
| 民航 | 6190 | 5063 | 5147 | 576 | — |
| 合计 | | | | | 1522 |

注　1. 单位运输工作量能耗按能源消费量除换算周转量得出。
2. 电气化铁路用电按发电煤耗折标准煤。
3. 换算吨公里：吨公里＝客运吨公里＋货运吨公里；铁路客运折算系数为 1t/人；公路客运折算系数为 0.1t/人；水路客运为 1t/人；民航客运为 72kg/人；国家航班为 75kg/人。

数据来源：国家统计局；国家铁路局；交通运输部；中国电力企业联合会；中国汽车工业协会；中国汽车技术研究中心；中国石油集团经济技术研究院；王占黎，单蕾，中国天然气行业 2014 年发展与 2015 年展望，国际石油经济，2015，No.6，37-43；田春荣，2014 年中国石油和天然气进出口状况分析，国际石油经济，2015，No.3，57-67；钱兴坤，姜学峰，2014 年国内外油气行业发展概述及 2015 年展望，国际石油经济，2015，No.1，35-43。

# 5 全社会节能成效

## 本章要点

**(1) 全国单位 GDP 能耗逐年下降**。2014 年，全国万元国内生产总值能源消费量为 0.765tce/万元（按 2010 年价格计算，下同），比上年下降 4.67%，与 2010 年相比累计下降 13.3%。自 2006 年以来，我国单位 GDP 能耗一直呈下降趋势，其中 2010、2011、2012、2013 年分别下降 1.7%、2.0%、3.6%、3.7%。

**(2) 全社会节能效果良好**。2014 年，我国单位 GDP 能耗下降实现全社会节能量 20 868 万 tce，占能源消费总量的 4.90%，可减少 $CO_2$ 排放 46 185 万 t，减少 $SO_2$ 排放 97 万 t，减少氮氧化物排放 102 万 t。

**(3) 工业部门仍是节能重点领域**。全国工业、建筑、交通运输部门合计现技术节能量至少 7626 万 tce，占全社会节能量的 36.5%。其中工业部门实现节能量 3567 万 tce，占全社会节能量 17.1 %，仍是节能的重要领域；建筑部门实现节能量 2537 万 tce，占 12.2 %；交通运输部门实现节能量 1522 万 tce，占 7.3%。

### （一）全国单位 GDP 能耗

**全国单位 GDP 能耗逐年下降**。2014 年，全国万元国内生产总值能源消费量（单位 GDP 能耗，下同）为 0.765tce/万元（按 2010 年价格计算，下同)，比上年下降 4.67%，与 2010 年相比累计下降 13.3%。自 2006 年以来，我国单位 GDP 能耗一直呈下降趋势，其中 2010、2011、2012、2013 年分别下降 1.7%、2.0%、3.6%、3.7%，下降速度呈现逐年加快的态势。2000 年以来我国单位 GDP 能耗及变动情况，如图 1-5-1 所示。

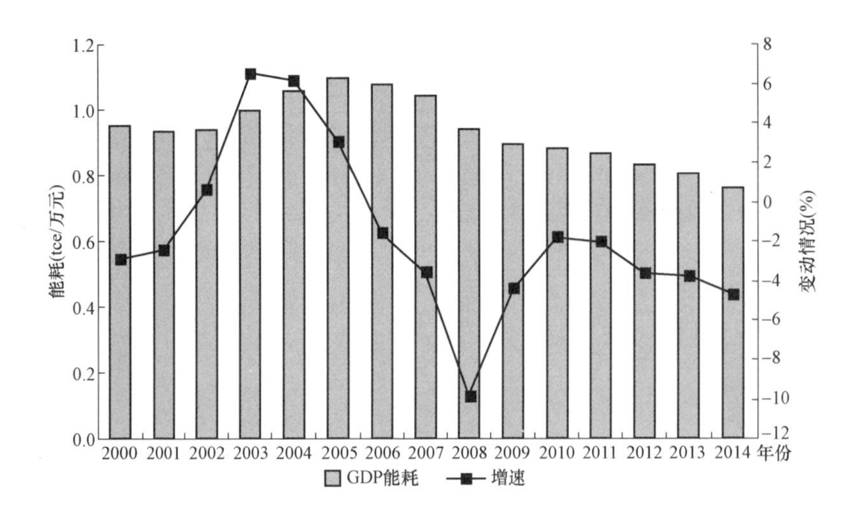


图 1-5-1 2000 年以来我国单位 GDP 能耗及变动情况

注：根据《2015 中国统计年鉴》中的 GDP 和能源消费数据测算。

（二）全社会节能量

根据全国 GDP、单位 GDP 能耗变动情况等数据测算，2014 年与 2013 年相比，我国单位 GDP 能耗下降实现全社会节能量 20 868 万 tce，占能源消费总量的 4.90%，可减少 $CO_2$ 排放 46 185 万 t，减少 $SO_2$ 排放 97 万 t，减少氮氧化物排放 102 万 t。

全社会节能量中，主要部门技术节能量为 7626 万 tce，占全社会节能量的 36.5%；结构及其他技术节能量为 13 243 万 tce，占全社会节能量的 63.5 %。

（三）技术节能量

2014 年与 2013 年相比，全国工业、建筑、交通运输部门合计现技术节能量至少 7626 万 tce。分部门看，工业部门实现节能量 3567 万 tce，占全社会节能量 17.1%，仍是节能的重要领域；建筑部门实现节能量 2537 万 tce，占 12.2%；交通运输部门实现节能量 1522 万 tce，占 7.3%。2014 年主要部门技术节能情况，见表 1-5-1。

**表 1-5-1　　2014 年我国主要部门节能量**　　万 tce

| 部　　门 | 节能量（万 tce） | 占比（%） |
| --- | --- | --- |
| 工业 | 3567 | 17.1 |
| 建筑 | 2537 | 12.2 |
| 交通运输 | 1522 | 7.3 |
| 主要部门技术节能量 | 7626 | 36.5 |
| 结构及其他技术节能量 | 13 243 | 63.5 |
| 全社会节能量 | 20 868 | 100.0 |

**注**　1. 节能量为 2014 年与 2013 年比较。

2. 建筑节能量包括新建建筑执行节能设计标准和既有住宅节能技术改造形成的年节能能力。

# 节 电 篇

# 1 电力消费

## 本章要点

**(1) 全社会用电量增速明显放缓**。2014年，全国全社会用电量达到55 637亿kW·h，比上年增长4.14%，增速比上年下降约3.46个百分点。

**(2) 第二产业、第三产业用电量比重上升，居民生活用电量比重下降**。2014年，第二产业和第三产业用电量分别为41 017亿、6670亿kW·h，比上年增长4.28%、6.39%，增速同比分别下降约2.8、3.8个百分点，但增速均高于全社会用电量增速；占全社会用电量的比重分别为73.7%、12.0%，分别上升0.1、0.3个百分点。居民生活用电量为6936亿kW·h，比上年增长2.10 %，占全社会用电量的比重为12.47%，占比下降0.2个百分点。

**(3) 工业用电量增速、高耗能行业用电量增速回落，轻工业用电量增速略低于重工业**。2014年，全国工业用电量为40 295.71亿kW·h，比上年增长4.23%，增速比上年下降2.7个百分点；受国内经济走势影响，高耗能行业用电量增长乏力，黑色金属、有色金属、化工和建材四大高耗能行业用电量合计17 511亿kW·h，比上年增长4.9%，增速下降1.7个百分点，其中建材和黑色金属行业用电量增速下降；轻、重工业用电量分别增长4.15%、4.25%，增幅比上年分别下降2.35%、2.85%。

**(4) 人均用电量保持快速增长，但仍明显低于发达国家水平**。2014 年，全国人均用电量和人均生活用电量分别达到 4078.13kW·h 和 508.41kW·h，比上年分别增加 142.13kW·h 和 8.41kW·h；我国人均用电量已接近世界平均水平，但仅为部分发达国家的 1/4～1/2，人均生活用电量的差距更大。

## 1.1 全社会用电量

2014 年，全国全社会用电量达到 55 637 亿 kW·h，比上年增长 4.14%，增速比上年下降约 3.46 个百分点。全社会用电量增速下降的主要原因：一是经济运行环境影响，受工业过剩产能化解、房地产市场调控及国际经济复苏较慢等因素影响，2014 年我国经济增长稳中趋缓，同时经济结构持续优化，第三产业增速持续快于第二产业；二是 2014 年夏季长江中下游地区发生罕见凉夏，华北黄淮出现极端高温，但持续时间较短，降温负荷未得到充分释放，第三产业和居民生活用电量增速明显回落，分别下降 3.8、6.8 个百分点。2000 年以来全国用电量及增速情况，见图 2-1-1。

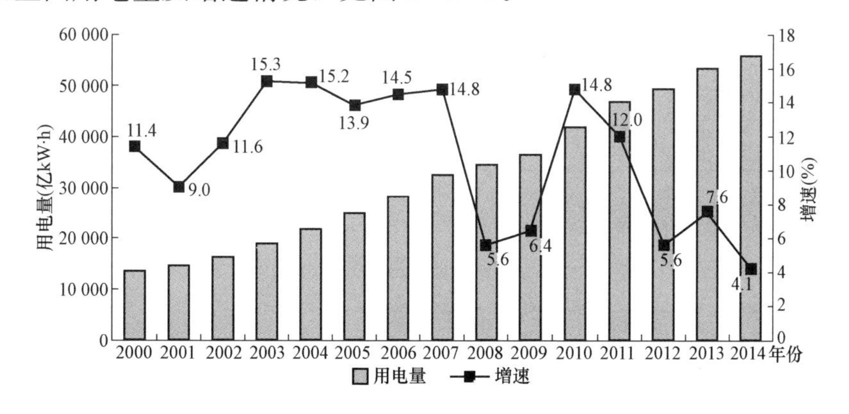


图 2-1-1　2000 年以来我国用电量及增速

**第二产业用电量增速有所放缓，第二产业、第三产业用电量比重上升**。2014 年，第二产业用电量为 41 017 亿 kW•h，比上年增长 4.3%，增速同比下降约 2.8 个百分点，占全社会用电量的比重为 73.7%，比重上升 0.1 个百分点；第三产业和居民生活用电量分别为 6670 亿、6936.1 亿 kW•h，分别比上年增长 6.4%、2.1 %，占全社会用电量的比重分别为 12.0%和 12.5%，第三产业用电量占比上升 0.3 个百分点，居民生活用电量占比下降 0.2 个百分点。

其中，第二产业、第三产业对全社会用电量增长的贡献率分别达到 76%、17.8%，比上年上升 7、2.3 个百分点；居民生活对全社会用电量增长的贡献率达到 6.6%，比上年降低 8.3 个百分点。2014 年全国三次产业及居民生活用电量增长及贡献率，如表 2-1-1 所示。

**表 2-1-1　　2014 年全国分产业用电量**

| 产业 | 2013 年 | | | | 2014 年 | | | |
|---|---|---|---|---|---|---|---|---|
| | 用电量（亿 kW•h） | 同比增速（%） | 结构（%） | 贡献率（%） | 用电量（亿 kW•h） | 同比增速（%） | 结构（%） | 贡献率（%） |
| 全社会 | 53 423 | 7.6 | 100 | 100 | 55 637 | 4.14 | 100 | 100 |
| 第一产业 | 1027 | 2.3 | 1.9 | 0.6 | 1013 | -1.22 | 1.8 | -0.6 |
| 第二产业 | 39 332 | 7.1 | 73.6 | 69 | 41 017 | 4.28 | 73.7 | 76.1 |
| 第三产业 | 6275 | 10.2 | 11.7 | 15.5 | 6670 | 6.39 | 12.0 | 17.8 |
| 居民生活 | 6789 | 8.9 | 12.7 | 14.9 | 6936 | 2.1 | 12.5 | 6.6 |

数据来源：中国电力企业联合会，《2013 年电力工业统计资料汇编》《2014 年电力工业统计资料汇编》。

## 1.2　工业及高耗能行业用电量

工业用电量增速回落，但工业用电量增速略高于全社会用电量增长水平，轻工业用电量增速略低于重工业。2014 年，全国工业用电量为 40 296 亿 kW•h，比上年增长 4.2%，增速比上年下降 2.7 个百分点；其中轻、重工业用电量分别增长 4.2%、4.3%，增幅比上年分别下降 2.4、2.9 个百分点。用电结构为 16.6∶83.4，与 2013 年持平。

高耗能行业用电量增速乏力，化工、有色金属行业用电量增速上升，建材和黑色金属行业用电量增速下降。2014 年，受国内经济走势的影响，高耗能行业用电量增速乏力，黑色金属、有色金属、化工和建材四大高耗能行业用电量合计 17 511 亿 kW•h，比上年增长 4.9%，增速下降 1.7 个百分点。其中，化工、有色金属行业用电量比上年增长 6.5%和 7.0%，增速上升约 0.2、1.2 个百分点；建材和黑色金属行业主要产品产量增速下降，增速较上年同期下降 0.9、5.5 个百分点。

交通运输/电气/电子设备制造业用电量增速高于全社会平均水平。2014 年交通运输/电气/电子设备制造业用电量增速为 9.05%，提高 1.95 个百分点。2014 年我国主要工业行业用电情况，见表 2-1-2 和图 2-1-2。

**表 2-1-2　　2014 年主要工业行业用电情况**

| 行业 | 用电量（亿 kW•h） | 增速（%） | 结构（%） |
|---|---|---|---|
| 全社会 | 55 637 | 4.14 | 100 |
| 工业 | 40 296 | 4.23 | 72.4 |
| 轻工业 | 6693 | 4.15 | 12.0 |
| 重工业 | 33 603 | 4.25 | 60.4 |
| 钢铁冶炼加工 | 5576 | 1.47 | 10.0 |
| 有色金属冶炼加工 | 4329 | 6.99 | 7.8 |
| 非金属矿物制品 | 3324 | 5.65 | 6.0 |
| 化工 | 4282 | 6.53 | 7.7 |

续表

| 行业 | 用电量（亿 kW•h） | 增速（%） | 结构（%） |
| --- | --- | --- | --- |
| 纺织业 | 1541 | 0.67 | 2.8 |
| 金属制品 | 1716 | 7.24 | 3.1 |
| 交通运输/电气/电子设备 | 2379 | 9.05 | 4.3 |
| 通用/专用设备制造 | 1223 | 6.14 | 2.2 |

**注** 结构中行业用电量比重是占全社会用电量的比重。
数据来源：中国电力企业联合会，《2014 年电力工业统计资料汇编》。

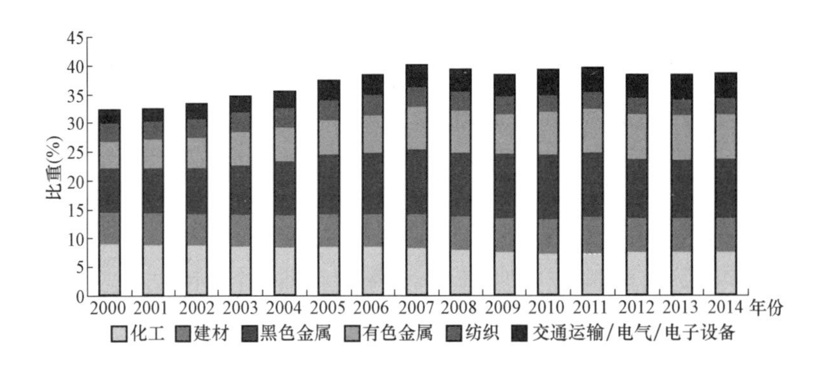


图 2-1-2 2000 年以来主要行业占全社会用电量比重变化

## 1.3 分区域用电量

2014 年，西北地区用电量增速仍为各区域最快，但全国仅南方地区用电量增速同比增加。西北地区用电量增速为 10.30%，高于全国平均水平 6.16 个百分点，增速比 2013 年下降 4.9 个百分点；其次是南方地区，用电量增速为 6.89%，增速同比提高 0.4 个百分点；华北、华东、华中、东北用电量增速均低于全国平均水平，分别为 3.62%、2.14%、2.55%、1.67%，增速同比分别下降 2.8、5.8、4.5、2.6 个百分点。2014 年全国分地区用电情况见表 2-1-3。

表 2-1-3　　全国分地区用电量

| 地区 | 2013年 | | 2014年 | | |
|---|---|---|---|---|---|
| | 用电量（亿kW·h） | 比重（%） | 用电量（亿kW·h） | 增速（%） | 比重（%） |
| 全国 | 52 423 | 100 | 55 637 | 4.14 | 100 |
| 华北 | 13 036 | 24.40 | 13 508 | 3.62 | 24.28 |
| 华东 | 13 049 | 24.43 | 13 329 | 2.14 | 23.96 |
| 华中 | 9661 | 18.08 | 9908 | 2.55 | 17.81 |
| 东北 | 3508 | 6.57 | 3566 | 1.67 | 6.41 |
| 西北 | 5283 | 9.89 | 5828 | 10.30 | 10.47 |
| 南方 | 8886 | 16.63 | 9498 | 6.89 | 17.07 |

数据来源：中国电力企业联合会，《2014年电力工业统计资料汇编》。

2014年用电量增长相对较快的省份主要集中于中西部地区。14个省份用电量增速超过全国平均水平（4.14%），其中新疆（23.41%）、西藏（10.87%）、内蒙古（10.87%）、福建（9.12%）、海南（8.56%）、广东（8.39%）、江西（7.54%）、青海（6.94%）、重庆（6.64%）、陕西（6.4%）、广西（5.68%）用电量增速在5%以上。山西（−0.53%）、上海（−2.95%）用电量增速为负值。

## 1.4　人均用电量

2014年，我国人均用电量和人均生活用电量分别达到4078.13 kW·h和508.41 kW·h，比上年分别增加142.13kW·h和8.41kW·h。2005年以来我国人均用电量和人均生活用电量分别以8.9%和10.0%的幅度增长。2000年以来我国人均用电量和人均生活用电量变化情况，见图2-1-3。

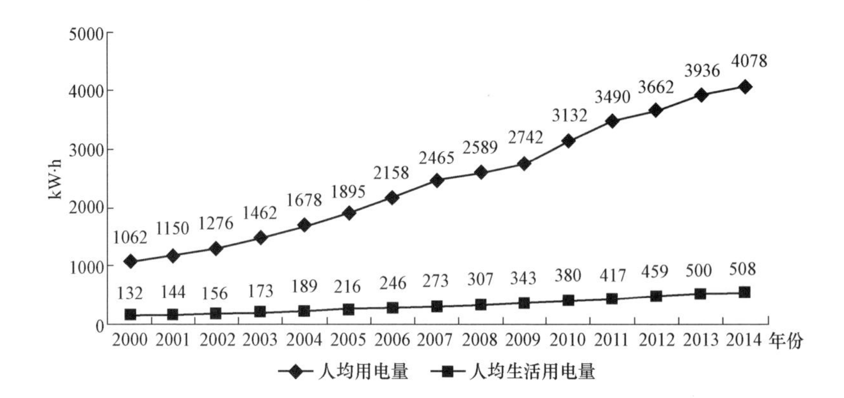


图 2-1-3 2000 年以来我国人均用电量和人均生活用电量

数据来源：中国电力企业联合会，《2014 年电力工业统计资料汇编》。

当前，我国人均用电量已接近世界平均水平，但仅为部分发达国家的 1/4～1/2。而人均生活用电量的差距更大，不到美国的 1/10，具体见图 2-1-4。

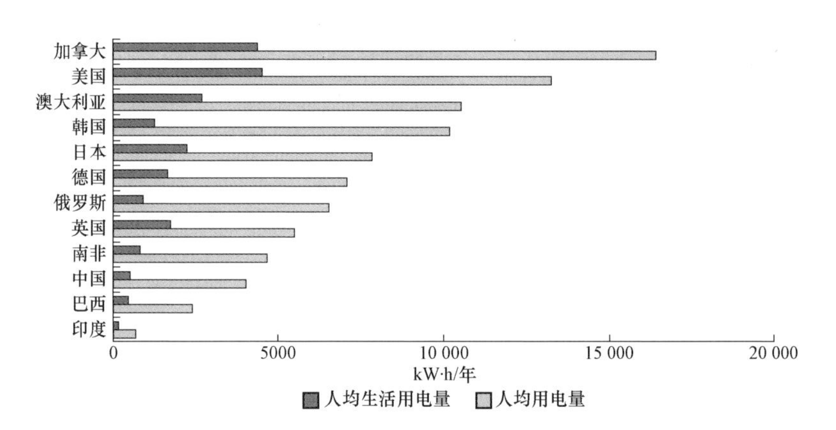


图 2-1-4 中国（2014 年）与部分国家（2011 年）

人均用电量和人均生活用电量对比

# 2

# 工 业 节 电

## 本 章 要 点

**(1) 制造业主要产品中，电解铝、水泥、合成氨、烧碱等产品单位电耗降低，个别产品出现上升**。2014 年，电解铝生产综合交流电耗 13 596kW·h/t，降低 144kW·h/t，实现节电量 35.1 亿 kW·h；水泥生产综合电耗 86kW·h/t，降低 0.6kW·h/t，实现节电量 14.9 亿 kW·h；合成氨生产综合电耗 992kW·h/t，降低 3kW·h/t，实现节电量 1.7 亿 kW·h；烧碱生产综合电耗 2272kW·h/t，降低 54kW·h/t，实现节电量 16.5 亿 kW·h；电石生产综合电耗 3295kW·h/t，降低 128kW·h/t，实现节电量 32.6 亿 kW·h；纸和纸板生产综合电耗 489kW·h/t，降低 31.7kW·h/t，实现节电量 37.4 亿 kW·h。

**(2) 厂用电率、线损率均略有下降**。2014 年，全国 6000kW 及以上电厂综合厂用电率为 4.83%，比上年降低 0.23 个百分点，降幅比上年增加 0.18 个百分点。其中，水电厂厂用电率 0.50%，高于上年 0.17 个百分点；火电厂厂用电率 5.84%，较上年下降 0.18 个百分点。全国线损率为 6.64%，比上年降低 0.05 个百分点。综合发电侧、电网侧节电效果，2014 年电力工业实现节电量 150.5 亿 kW·h。

**(3) 工业部门实现节电量略有增加**。2014 年与 2013 年相比，工业部门节电至少 288.7 亿 kW·h，比 2013 年节电量增加 44.1 亿 kW·h。

## 2.1 综述

长期以来，工业是我国电力消费的主体，工业用电量在全社会用电量中的比重保持在72%以上水平。2014年，工业用电量增速、高耗能行业用电量增速回落，轻工业用电量增速略低于重工业。2014年，全国工业用电量40 295.7亿kW•h，比上年增长4.23%，增速比上年下降2.7个百分点，但略高于全社会用电量增长水平。

2014年，在工业用电中，钢铁、有色金属、煤炭、电力、石油、化工、建材等重点耗能行业用电量占整个工业企业用电量的60%以上。高耗能行业用电量增速乏力，其中化工、有色金属行业用电量增速上升，建材和黑色金属行业用电量增速下降。

随着市场经济体制的不断成熟，市场竞争日益加剧，节能减排压力不断加大，国内大多数工业企业积极采取产业升级、技术改造、管理优化等一系列措施降本增效，取得了明显的成效，促使产品电耗指标不断降低。

## 2.2 制造业节电

### 2.2.1 钢铁工业

2014年，钢铁工业用电量为5579亿kW•h，比上年增长1.5%，占全社会用电量的10.1%。从主要工序中电耗占比来看，电炉、转炉、烧结工序是主要耗电环节，分别占工序能耗的60%、20%和13%。

2014年，重点钢铁企业吨钢电耗为469.4kW•h/t，比2013年增加5kW•h/t，同比增长1.1%。其中，电炉冶炼电耗和电炉二次冶金电耗增速分别同比下降2.3%和增长9.4%。其主要原因是根据环保要求，企业增加环保污染设施，同时提高运行时间，从而拉动用电量的增长。

**钢铁工业主要节电措施包括：**

**(1) 充分利用二次能源发电。**

在钢铁工业生产过程中，所消耗的能源约有 2/3 转化为二次能源，这些二次能源除了可以作为某些工序的加热、供热热源外，发电是最为有效的途径，剩余的还可用于外供。

2014 年，邯钢加强二次能源的开发利用，全年利用二次能源发电量达到 35.7 亿 kW·h，占企业总用电量 60%以上。

2014 年，福建三钢集团高公司以技术创新为新引领，深入开展节能降耗对标挖潜。烧结厂 220m$^2$烧结环冷机低温段废气引到烧结机尾，提高余热温度，增强蒸汽产量和品质，每年可多生产中压汽约 7884t，增加发电量 134 万 kW·h；220m$^2$烧结环冷机 1 号风箱上不增加吸气管，实现高温段烟气全部回收，每年可多生产中压汽约 3942t，增加发电量 67 万 kW·h。节能新技术实施使烧结矿电耗降至 50kW·h，烧结矿发电 19.39kW/t，烧结矿吨矿成本、吨矿电耗持续下降。

**(2) 推进电机系统节电改造。**

电机是风机、泵、压缩机、机床、传输带等各种设备的驱动装置，广泛应用于钢铁、有色金属、石化、建材、公用设施等多个行业和领域。我国电机总用电量约占全社会用电量的 64%，其中钢铁企业电机的应用非常广泛，其电机耗电量占总耗电量的 60%以上，节能潜力很大。

迁安轧一钢铁集团有限公司是集烧结、炼铁、炼钢、轧钢为一体的大型钢铁联合企业，目前主要生产设施为5台$90m^2$烧结机，3座$10m^2$竖炉，3座$450m^3$高炉、2座$580m^3$高炉，2座160t转炉、2座40t转炉，690mm和1250mm中宽带生产线各1条及配套生产设施，具备年生产铁320万t、钢310万t、材300万t的能力，终端产品为热轧卷板和热轧中宽带钢。

集团钢铁企业耗电设备主要为风机和水泵等，在设计时设备选型均会有一定的余量，而在实际运行过程中设备均不会处于满负荷运行状态，调节手段往往采用挡风板、阀门或回流阀控制，造成很大的电能浪费。另外，通过控制阀调节后，使控制阀前后压差增大，设备噪声增加，对周围声环境影响较大。为实现节能减排，迁安轧一钢铁集团有限公司决定投资29 897.89万元，实施高压电机节能改造项目。拟对厂区内的96台高压电机进行改造，新增变频器96台及相关附属设施。技改项目实施后年节约电量3.86亿kW·h，折合标准煤47 439.4tce。

**(3) 加强电力调度管理**。

为减少需量用电，钢铁企业应做到错峰、避峰调控；加强电力调度管理手段，推行全厂供配电系统数字化管理，需量控制标准化、定量化管理，根据用电负荷情况曲线合理安排生产，进一步通过技术移荷将各时段最大峰值负荷拉平降低，实现用电需量最小化。

**(4) 提高生产效能与用能配比合理性**。

钢铁冶炼企业向节能降耗深层次开展，即由单体设备节能向工艺系统优化节能转变，由单一抓能耗量降低向抓能耗量降低和用能费用降低相结合的方向转移；在产品结构调整投入中注重向节能基本建设和技术改造倾斜，坚持重大项目的技术高起点和节能高起点；注意上下工序的优化配合和合理衔接，实现系统优化节能。

**武钢三炼钢钢包炉吨钢耗电量持续下降**

钢包炉是对转炉钢水进行精炼，并能调节钢水温度，调节生产节奏，满足连铸、连轧的重要冶金设备。在生产实践中，除去因工艺需要上钢包炉外，把由于生产节奏、钢水成分、浇铸温度异常上钢包炉的情况称为非计划上钢包炉。钢包炉每运行 1min，需消耗 400kW·h 电量。

武钢炼钢总厂三炼钢深化降低成本措施，加强过程控制，以精细化管理实现成本的最优化管控。钢包炉吨钢耗电量持续下降，2 月，工艺钢包炉吨钢耗电量较上年降低 19%；非工艺钢包炉吨钢耗电量比计划目标值低 110kW·h/炉。

该厂一方面通过优化钢水工艺路径，控制计划上钢包炉比例，另一方面优化转炉终点控制，精细组织生产，合理控制生产节奏，精准控制钢水成分，减少非计划上钢包炉比例。在钢包炉精炼环节，对钢包炉加热级数进行优化，计算好节奏、温度，避免加热过度；处理深脱硫钢种时，严格按规定执行熔剂加入量。

### 2.2.2 有色金属工业

2014 年，有色金属行业用电量为 4329 亿 kW·h，比上年提高 7.0%。有色金属行业电力消费主要集中在冶炼环节，铝冶炼是有色金属工业最主要的耗电环节。2014 年，电解铝用电占全行业用电量的 76.6%。有色金属行业电力消费情况，见表 2-2-1。

表 2-2-1　　有色金属行业电力消费情况

| 指标 | 单位 | 2010 年 | 2011 年 | 2012 年 | 2013 年 | 2014 年 |
|---|---|---|---|---|---|---|
| 有色金属行业用电量 | 亿 kW•h | 3165 | 3560 | 3835 | 4054 | 4329 |
| 电解铝用电量 | 亿 kW•h | 2037 | 2354 | 2637 | 2865 | 3315 |
| 有色金属行业用电量占全国用电量的比重 | % | 7.5 | 7.6 | 7.7 | 7.6 | 7.8 |
| 电解铝用电量占有色金属行业用电量的比重 | % | 64.4 | 66.1 | 68.8 | 70.7 | 76.6 |

数据来源：中国电力企业联合会。

2014 年，全国铝锭综合交流电耗降为 13 596kW•h/t，同比下降 144kW•h/t，节电 35 亿 kW•h。

**有色金属工业主要节电措施包括：**

2014 年，有色金属行业节电措施主要集中在淘汰落后产能、推广应用节电新技术和新工艺、利用阶梯电价等三个方面。

**(1) 淘汰落后产能**。

通过大规模的行业技术改造，延伸行业产业链，促进产品深加工。有色金属行业淘汰了一批落后生产工艺，当前我国电解铝生产技术已经位居国际先进水平。当前铝材产品、高精铜不仅可以满足国内需求，还可以大量出口。根据国家有关产业政策和标准，地方也加大了关停和淘汰落后力度。2014 年全年，全国完成淘汰电解铝落后产能 50.43 万 t，远超任务下达量 20%。

**(2) 研发应用节能新技术**。

节能技术可以大幅促进有色金属行业节能节电，提高企业效益。中国低电压低电耗、异型阴极和阴极棒的采用等开发应用，对于促进有色金属行业节电起到了重要作用。近几年，我国新建铝厂大部分均采用了先进的 400、500kA 超大型预焙槽生产工艺。目前 600kA 电解槽也已经实现了产业化。东北大学设计研究院研发的NEUI600kA级高效铝电解槽技术自2014年12月11日正式投产以来，在国内外铝行业引起了广泛的关注。

**400kA双钢棒保温型铝电解槽生产实践**

目前，铝电解技术的发展趋势是向大容量、高电流密度、高技术、低能耗的方向发展，其目的是降低吨铝投资，提高劳动生产率，降低吨铝能耗，给企业带来最大的经济效益。要开拓市场、参与行业竞争，必须占领电解槽技术的制高点。因此，发展使用高效、节能的电解槽技术势在必行。400kA双钢棒保温型铝电解槽通过减少铝液中水平电流，消弱铝液的波动，提高电解槽的稳定性，能够保证电解槽在低电压条件下高效稳定运行，在保持电流效率不丢失的前提下，达到降低电解槽能耗的目的。

通过400kA双钢棒保温型电解系列规模化生产实践，技术团队在低电压低分子比工艺控制模式下，探索出了适合该类槽型下的工艺技术规范，电解槽稳定运行中取得了槽平均电压3.90V以下，完成电流效率92.6%以及12 553kW·h/t的低直流电耗，节能减排效果显著，为铝行业提供了一种节能型超大容量铝电解槽设计和生产管理的样板❶。

**(3) 利用阶梯电价降低电耗水平**。

2014年1月1日起，为更好地发挥价格杠杆在化解产能过剩、提高能效水平方面的积极作用，决定对电解铝企业用电实行阶梯电价政策。通知规定，电解铝企业铝液电解交流电耗不高于13 700kW·h/t

❶ 资料来源：蔡志平，马波，400kA双钢棒保温型铝电解槽生产实践，中国高新技术产业，2014年第36期。

的，其铝液电解用电（含来自于自备电厂电量）不加价；高于13 700kW•h/t但不高于13 800kW•h/t的，其铝液电解用电加价0.02元/（kW•h）；高于13 800kW•h/t的，其铝液电解用电加价0.08元/（kW•h）。

### 2.2.3 建材工业

（一）简述

2014年，我国建材工业年用电量为2938亿kW•h，同比下降6.67%，逐月变化情况见图2-2-1，占全社会用电量的比重为5.2%，占工业行业用电量的比重为7.3%，分别较上年均下降了0.1个百分点。在建材工业的各类产品中，水泥制造业用电量比重最高，占建材工业用电量的73.8%，是整个行业节能节电的重点。

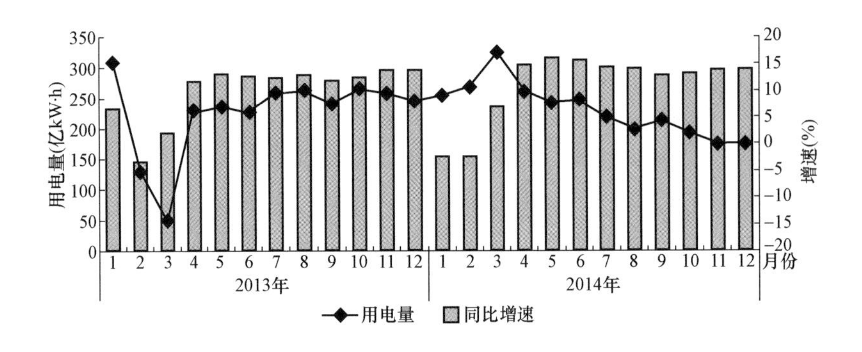


图2-2-1 2013—2014年各月建材工业用电量及增速

（二）主要节电措施

**（1）采用节能型的供配电设备**。水泥企业的供配电系统是指从国家高压电网中引入变电站，然后输送到生产线用电设备的所有线路、变压器、控制开关、保护装置等设备。在供配电系统中的无功损耗和有功损耗都是非常大的。据统计试验验证，运行电压每提高1%，损耗可降低1.2%，所以选择高压运行电网可提高输送容量，降低线路损耗；新型变压器（如S9、S11系列）的空载损耗、负载损耗都比老式的变压器（如S7系列）要低10%以上；SVC型无功补偿装置，能实现三相对称或不对称补偿功能，滤除高次谐波。

**（2）超低温余热发电技术**。利用数量庞大的低温余热每发1kW·h电量，可节约0.4kg标准煤以及4kg水的消耗，减少约1.1kg $CO_2$等废气的排放。超低温余热回收发电装置可广泛应用于水泥、玻璃、陶瓷等高耗能企业的余热回收利用，能有效针对70℃以上热水或100℃以上烟气等工业余热进行发电，具有热电转化效率高、自动化程度高、占地面积小、维护成本低等优点。目前我国已经建成具有完全自主知识产权的国内最大功率超低温余热回收发电装置，其热能利用率可达18%以上，标志着我国已具备200～1000kW大功率等级的超低温余热回收发电全套设计和制造能力，成为国际上少数几个掌握相关核心技术的国家之一。

**（3）变频技术降低能耗**。在水泥厂的机电设备中，离心机、水泵类设备、空气压缩机、选粉机、回转窑、球磨机、板式喂料机、调速皮带秤、喂煤绞刀、箅冷机及立窑罗茨风机、卸料机等一切需要交流调速的设备上都可以用变频调速器，以达到节能降耗的效果。其中，风机调节采用变频调速作为节能手段在国内外各行业被广泛采用，国外水泥企业已广泛利用风机变频调速满足不同工作状态系统调节，以减少电耗成本。

**（4）优化电气节能运行机制**。在建材工业产品生产中，可以通过合理的运行管理和方式使电网的损耗降为最低。在实际生产用电中，三相电流的每一相之间电流不平衡时，即有功功率不平衡，此时对于变压器的安全经济运行影响较大，有功损耗也较大，可以通过无功补偿装置进行平衡补偿；避峰用电也是企业在电器用电运行管理中的一个有效策略，直接通过峰谷不同电价达到节约成本的功效；实行经济调度，减少空载损耗；利用全集成能源管理系统体现系统调度功能的优越性。

（三）节电效果

2014 年，水泥生产用电 1528 亿 kW•h，同比下降 3.5%。水泥行业综合电耗约为 86.4kW•h/t，比上年降低 0.6kW•h/t，比 2005 年下降 5.0kW•h/t。根据 2014 年水泥产量（24.8 亿 t），计算得到由于水泥生产综合电耗的变化，2014 年与 2013 年相比，水泥生产年实现节电 14.88 亿 kW•h。

### 2.2.4 石化和化学工业

2014 年，石油加工及石油制品业用电量为 639 亿 kW•h，比上年增长 5.0%；化学原料及化学制品业用电量为 4198 亿 kW•h，比上年增长 4.4%。化学原料及化学制品业的电力消费主要集中在电石、烧碱、黄磷和化肥四类产品的生产上，占行业 60%左右。

2014 年，合成氨、电石、烧碱单位产品综合电耗分别为 992、3295、2272kW • h/t，比上年分别变化约 −0.26%、−3.7%、−2.3%，其中合成氨的综合电耗微弱下降，电石和烧碱的综合电耗下降较大。根据产量及电耗水平测算，与 2013 年单位单耗相比，2014 年合成氨、电石和烧碱生产实现的节电量分别为 1.7 亿、32.6 亿、16.5 亿 kW•h。主要化工产品单位综合电耗变化情况，见表 2-2-2。

表 2-2-2 主要化工产品单位综合电耗变化情况 kW•h/t

| 产品 | 2005 年 | 2010 年 | 2011 年 | 2012 年 | 2013 年 | 2014 年 |
|---|---|---|---|---|---|---|
| 合成氨 | 1366 | 1116 | 1090 | 1010 | 995 | 992 |
| 电石 | 3450 | 3340 | 3450 | 3360 | 3423 | 3295 |
| 烧碱 | 2222 | 2200 | 2336 | 2359 | 2326 | 2272 |

化工产品分地区能耗情况如表 2-2-3 所示，表中排序是根据已有产品产量和分产品用电量数据得到的。在国家电网经营区，天津作为我国重要化工业港口城市，在烧碱和化肥两种产品上平均每吨耗电

量最低；另外，同时在该两种产品上具有节能优势、排在前十名的省份分别是江西、四川和内蒙古；排名相对靠后的是山西、河南和福建。24个省份烧碱和化肥的平均电耗分别为2376、1478kW•h/t。

**表2-2-3　　分地区烧碱和化肥的平均电耗**

| 排序 | 烧碱 | | 化肥 | |
|---|---|---|---|---|
| | 省份 | 平均电耗（kW•h/t） | 省份 | 平均电耗（kW•h/t） |
| 1 | 天津 | 0.7 | 天津 | 76.6 |
| 2 | 山东 | 886.2 | 青海 | 230.3 |
| 3 | 安徽 | 888.9 | 江西 | 380.8 |
| 4 | 甘肃 | 1120.9 | 上海 | 388.1 |
| 5 | 江苏 | 1141.3 | 重庆 | 404.9 |
| 6 | 山西 | 1267.8 | 四川 | 432.3 |
| 7 | 宁夏 | 1723.1 | 黑龙江 | 611.4 |
| 8 | 江西 | 2137.9 | 湖北 | 724.4 |
| 9 | 四川 | 2202.0 | 新疆 | 774.2 |
| 10 | 内蒙古 | 2227.6 | 内蒙古 | 898.0 |
| 11 | 湖南 | 2277.3 | 辽宁 | 1132.1 |
| 12 | 浙江 | 2278.7 | 湖南 | 1760.3 |
| 13 | 湖北 | 2297.1 | 吉林 | 1774.9 |
| 14 | 河北 | 2302.7 | 宁夏 | 1821.0 |
| 15 | 陕西 | 2510.2 | 山东 | 1829.2 |
| 16 | 河南 | 2716.7 | 山西 | 1876.9 |
| 17 | 上海 | 2720.1 | 陕西 | 1899.9 |
| 18 | 吉林 | 2894.7 | 安徽 | 1908.6 |
| 19 | 辽宁 | 2944.8 | 河南 | 1980.0 |
| 20 | 新疆 | 3463.8 | 甘肃 | 2341.1 |

续表

| 排序 | 烧碱 | | 化肥 | |
|---|---|---|---|---|
| | 省份 | 平均电耗(kW•h/t) | 省份 | 平均电耗(kW•h/t) |
| 21 | 黑龙江 | 3647.6 | 江苏 | 2577.6 |
| 22 | 重庆 | 4111.7 | 浙江 | 3089.9 |
| 23 | 青海 | 4368.6 | 河北 | 3218.4 |
| 24 | 福建 | 4904.3 | 福建 | 3349.2 |

**注** 1. 由于北京和西藏数据缺失，或者不再生产该类产品，不在表格中体现。
2. 由于与烧碱直接对应的是氯碱用电数据，这里近似代替烧碱用电，因此，计算的烧碱平均电耗与实际值有偏差，这里只是方便比较。

**石化和化学工业主要的节电措施包括：**

（一）合成氨

**(1) 合成氨节能改造综合技术**。该技术的原理是：采用国内先进成熟、适用的工艺技术与装备改造的装置，吹风气余热回收副产蒸汽及供热锅炉产蒸汽，先发电后供生产用汽，实现能量梯级利用。关键技术有余热发电、降低氨合成压力、净化生产工艺、低位能余热吸收制冷、变压吸附脱碳、涡轮机组回收动力、提高变换压力、机泵变频调速等。该技术可实现节电 200～400kW•h/t，全国如半数企业实施该项工程可节电 80 亿 kW•h/年。

**(2) 日产千吨级新型氨合成技术**。该技术设计采取并联分流进塔形式，阻力低，起始温度低，热点温度高，且选择了适宜的平衡温距，有利于提高氨净值，目前已实现装备国产化，单塔能力达到日产氨 1100t，吨氨节电 249.9kW，年节能总效益 6374.4 万元。

**(3) 高效复合型蒸发式冷却技术**。冷却设备是广泛应用于工业领域的重要基础设备，也是工业耗能较高的设备。高效复合型冷却器技术具有节能降耗、环保的特点，与空冷相比，节电率达 30%～60%，综合节能率 60%以上。

**(4) 双层甲醇合成塔内件**。新型的内件阻力小、电耗低、催化剂利用系数高，产能大幅增加，催化剂还具有自卸功能，使操作更加方便。这种技术适用于中小氮肥企业和甲醇生产企业技术改造和新上项目，也适用于将低产能的合成氨塔改造成甲醇合成塔。

**(5) 节能型环保循环流化床锅炉**。该设备可燃烧煤矸石、洗中煤、垃圾等劣质燃料，节省煤耗 6%以上，节电 30%以上，年运行时间 7500h 以上。

(二) 电石

**电石行业节电主要从以下几个方面开展**：从采用机械化自动上料和配料密闭系统技术，发展大中型密闭式电石炉；大中型电石炉应采用节能型变压器、节约电能的系统设计和机械化出炉设备；推广密闭电石炉气直接燃烧法锅炉系统和半密闭炉烟气废热锅炉技术，有效利用电石炉尾气。

**(1) 淘汰落后电石炉**。国务院印发的《节能减排“十二五”规划》对电石行业提出了淘汰落后产能、加快采用密闭式电石炉和炉气综合利用、积极推进新型电石生产技术研发和应用的三大目标。淘汰落后电石炉是“十二五”电石行业节能减排的重中之重。2011 年《电石行业“十二五”规划》提出了“淘汰单台炉容量小于 12 500 kV·A电石炉和开放式电石炉 380 万 t”的目标。2011－2014 年全国累计淘汰电石落后产能 556 万 t，超过了“十二五”计划淘汰量的 46.3%。

**(2) 加快密闭式电石炉和炉气的综合利用**。密闭炉烟气主要成分是一氧化碳，占烟气总量的 80%左右，利用价值很高。采用内燃炉，炉内会混进大量的空气，一氧化碳在炉内完全燃烧形成大量废气无法利用，同时内燃炉排放的烟气中 $CO_2$ 含量比密闭炉要大得多，每生产

1t 电石要排放约 9000m$^3$的烟气，而密闭炉生产 1t 电石烟气排放量仅为 400m$^3$左右（约 170kgce），吨电石电炉电耗可节约 250kW·h，节电率达 7.2%。

**(3) 高温烟气干法净化技术**。该技术既可以避免湿法净化法造成的二次水污染，也能够避免传统干法净化法对高温炉气净化的过程中损失大量热量，最大程度地保留余热，为进一步循环利用提供了稳定的气源，提高了预热利用效率，属于国内领先技术。经测算，一台 33 000kV·A 密闭电石炉及其炉气除尘系统每年实现减排粉尘 450 万 t，减排 $CO_2$气体 3.72 万 t，节电 2175 万 kW·h，折合煤 1.9 万 t，直接增收 2036 万元。

（三）烧碱

**(1) 继续推广离子膜生产技术**。离子膜电解制碱具有节能、产品质量高、无汞和石棉污染的优点。我国将不再建设年产 1 万 t 以下规模的烧碱装置，新建和扩建工程应采用离子膜法工艺。如果我国将 100 万 t 隔膜法制碱改造成离子交换膜法制碱，综合能耗可节约 412 万 tce。国产离子膜在运行中经历过调峰运行、计划停车、连锁停车，长期停车 1 个月的考验和 30%、32%碱的交替运行的考验，证明国产离子膜的适应性较强。

**(2) 加快落后产能的推出**。2014 年烧碱总产能达到 3909 万 t/年，全年平均产能利用率 81%，表观消费量约 2980 万 t。新增产能进一步放缓，落后产能加快推出。2015 年有 170 万 t 隔膜法烧碱装置将被淘汰，约 130 万 t 小企业关停，产能平均利用率将高于 2014 年。

**(3) 滑片式高压氯气压缩机**。采用滑片式高压氯气压缩机耗电 85 kW·h，与传统的液化工艺相比，全行业每年可节约用电 23 750 万 kW·h，同时还可以减少大量的“三废”排放。

**(4) 新型变换气制碱技术**。该技术依据低温循环制碱理论，将合成氨系统脱碳与联碱制碱两道工序合二为一，改传统的三塔一组制碱为单塔制碱，改内换热为外换热，省去了合成氨系统脱碳工序的投资，提高了重碱结晶质量，延长了制碱塔作业周期，实现了联碱系统废液零排放，降低阻力，节约能源，在单位综合能耗上处于领先水平。

## 2.3 电力工业节电

电力工业自用电量主要包括发电侧的发电机组厂用电以及电网侧的电量输送损耗两部分。2014 年，电力工业发电侧和电网侧用电量合计为 5952 亿 kW•h，比上年降低 0.2 个百分点。其中，厂用电量 2707 亿 kW•h，占全社会总用电量的 4.9%，与上年持平，线损电量 3234 亿 kW•h，占全社会总用电量的 5.8%，低于上年 0.3 个百分点。

发电侧：2014 年，全国 6000kW 及以上电厂综合厂用电率为 4.83%，比上年降低 0.23 个百分点，降幅比上年增加 0.18 个百分点。其中，水电厂厂用电率 0.50%，高于上年 0.17 个百分点；火电厂厂用电率 5.84%，较上年下降 0.18 个百分点。由于厂用电率的下降，2014 年实现节电量 126.2 亿 kW•h。

电网侧：2014 年全国线损率为 6.64%，比上年降低 0.05 个百分点，实现节电量 24.3 亿 kW•h。

综合发电侧、电网侧节电效果，2014 年电力工业实现节电量 150.5 亿 kW•h。

**电力工业的节电措施主要有：**

**(1) 推进发电厂节能技术改造**。通过各种发电设备技术改造，提高运行安全稳定性，降低发电煤耗和厂用电率。**第一，减少空载运行变压器的数量**。火力发电厂中都设置备用变压器，且这种变压器的启动都通过大容量的高压电完成，大大增加了空载的损耗量。合理减少空载运行变压器的数量，可在很大程度上降低由变压器启动所消耗的电力资源。此外，低压厂用电接线尽量采用暗备用动力中心方式接线，确保每台变压器的负载损耗降为原有负载损耗的四分之一。**第二，安装轻载节电器**。主要是在空载或低负载运行的过程中，降低电动机的端电压，从而实现节电。然而，这些技术需要增加一些辅助回路，将增大辅助机械产生故障的概率。因此，应结合设备运行情况，在保证机组运行安全的情况下合理选用。**第三，降低照明损耗**。采用高效率的照明灯具，对没有防护要求的较清洁的场所，首先选用开启型灯具；对于有防护要求的场所，应采用透光性能好的透光材料和反射率高的反射材料。采用高效率、长寿命的电光源，在电厂照明设计中应选用 T8 细管荧光灯替代 T12 粗管荧光灯，用紧凑型节能荧光灯替代白炽灯，在显色性要求高的场所采用金属卤化物灯，在显色性要求不高的场所采用高压钠灯，等等。**第四，高效利用高温废气**。充分利用发电环节产生的高温废气，可以用来预热空气，节约加热助燃空气的能量。

**（2）挖掘输配电节电潜力**。特高压输电、智能电网、提高配电网功率因数等，是输配电系统节能降耗的主要措施。

截至 2014 年底，国家电网公司已经建成 7 条特高压线路，其中，交流线路近 2000km，直流线路近 6000km，变电容量 3900 万 kV•A，换流容量超过 4300 万 kW。

**智能电网** 建设中的灵活交流输电技术，也是输电网节能降损的关键技术之一。国家电网公司在世界上率先提出智能变电站理念及设计方案，截至目前，已建成 110（66）～750kV 智能变电站 1488 座；已完成 78 个城市核心区配电自动化及故障抢修系统建设，大幅提高供电可靠性。大型城市核心区年平均停电时间由建设前的 24 分钟下降至 5 分钟，达到世界先进水平。2015 年，国家电网公司智能电网工作的具体目标是，完成 6 类 41 项智能电网创新示范工程建设任务，建成 50 座新一代智能变电站，完成 39 项国家级智能电网项目建设和验收，建成 9 项智能电网综合建设工程。

在配网节能技术方面，建立起基于企业配电网无功优化的能量监控与管理系统，最终达到了配电网功率因数大于 0.94、系统用能效率大于 90%、节能率不低于 8%的目标，顺利通过国家科技部的验收，标志着我国已掌握了大型工业企业电气综合节能的核心技术，推动我国配网节能技术的应用。

（3）**合理配置高效能变压器**。据估算，变压器的损耗可占电网总损耗的 40%以上，约占发电量的 3%。在节能变压器方面，非晶合金变压器具有突出优势，比硅钢变压器空载节能 60%～80%。因为配网变压器数量多，大多数又长期处于运行状态，因此这些变压器的效率提高的节电效果非常明显。基于现有的实用技术，高效节能变压器的损耗至少可以节省 15%。然而，截至 2015 年 8 月，全国在网运行配电变压器中高效配电变压器比例不足 8.5%，新增量中高效配电变压器占比仅为 12%，节能潜力巨大。

2015 年，国家电网公司要求 2015 年新采购的变压器中非晶合金变压器占比达到 60%以上。近期，工业和信息化部、质检总局和国家发展改革委决定组织实施全国配电变压器能效提升计划，提出到 2017 年底，初步完成高耗能配电变压器的升级改造，高效配电变压器在网运行比例提高 14%；当年新增量中高效配电变压器占比达到 70%；预计到 2017 年，累计推广高效配电变压器 6 亿 kV·A，实现年节电量 94 亿 kW·h，相当于节约标准煤 310 万 t，减排 $CO_2$ 810 万 t。

**（4）加大配电网的建设和改造**。2014，国家电网公司配电网建设改造投资达到 1614 亿元。同时，还将优化配电网规划，完善配电网结构，加快30个重点城市核心区配电网建设改造。大力推进实用型配电自动化建设，加强配电网线路综合治理。实施农网改造升级，加大重过载配电变压器、老旧线路改造和更换力度。

根据2015年国家能源局《配电网建设改造行动计划（2015—2020年）》，通过实施配电网建设改造行动计划，有效加大配电网资金投入。2015—2020年，配电网建设改造投资不低于2万亿元，其中2015年投资不低于3000亿元，“十三五”期间累计投资不低于1.7万亿元。这将对满足用电需求、提高可靠性、促进智能化有重要作用。

**（5）降低管理线损**。定期线损分析是实现最佳降耗目标的重要保证。首先，对统计线损率与理论线损率进行比较，如果统计线损率过高，说明电力网漏电严重或管理存在较多问题。其次，对理论线损率与最佳线损率进行比较，如果理论线损率过高，说明电力网结构不合理。最后，对固定损耗与可变损耗进行比较，如果固定损耗所占比例较大，说明线路处于轻负荷运行状态，配电变压器负荷率低或者电力网长期在高于额定电压下运行。这些复杂的、多环节的检测和计算，需要电网企业不断加强线损管理，在理论线损计算、在线测量、电网布局、改进计划制定等诸多方面做到切实、准确、高效。

## 2.4 节电效果

根据制造业主要行业、电力工业主要产品电耗及产量情况，经测算，2014年钢、电解铝、水泥、平板玻璃、合成氨、烧碱、电石、纸和纸板等重点高耗能产品生产用电量合计约12 046亿kW·h，再加上发电厂厂用电以及输电损耗5941亿kW·h，合计占工业用电量的44.6%。2014年我国主要高耗能产品电耗及生产用电量，见表2-2-4。

表 2-2-4　2014 年我国主要高耗能产品电耗及生产用电量

| 产品 | 单位产品电耗 | | 产量 | | 终端用电量（亿 kW·h） |
|---|---|---|---|---|---|
| | 单位 | 数值 | 单位 | 数值 | |
| 钢 | kW·h/t | 469 | 亿 t | 8 | 3862 |
| 电解铝 | kW·h/t | 13 596 | 万 t | 2438 | 3315 |
| 水泥 | kW·h/t | 86 | 亿 t | 25 | 2143 |
| 平板玻璃 | kW·h/重量箱 | 6 | 亿重量箱 | 8 | 50 |
| 合成氨 | kW·h/t | 992 | 万 t | 5700 | 565 |
| 烧碱 | kW·h/t | 2272 | 万 t | 3059 | 695 |
| 电石 | kW·h/t | 3295 | 万 t | 2548 | 840 |
| 纸和纸板 | kW·h/t | 489 | 万 t | 11 800 | 577 |
| 合 计 | | | | | 12 046 |

**注**　烧碱电耗为离子膜和隔膜法加权平均数。

数据来源：国家统计局；国家发展改革委；工业和信息化部；中国煤炭工业协会；中国电力企业联合会；中国钢铁工业协会；中国有色金属工业协会；中国建材工业协会；中国化工节能技术协会。

2014 年与 2013 年相比，上述高耗能产品中，电解铝、水泥、合成氨、烧碱、电石、纸和纸板等产品单位电耗降低，根据电耗与产量测算，合计节电 138.2 亿 kW·h；此外，电力工业由于厂用电率和线损率降低实现节电量 150.5 亿 kW·h。由此测算，2014 年与 2013 年相比，工业部门节电至少 288.7 亿 kW·h，如果按照用电比例放大，工业部门节电量估计值为 646.7 亿 kW·h。我国重点高耗能产品电耗及节电量，见表 2-2-5。

表 2-2-5　我国重点高耗能产品电耗及节电量

| 类别 | 产品电耗 | | | | | | 节电量（亿 kW·h） |
|---|---|---|---|---|---|---|---|
| | 单位 | 2010 年 | 2011 年 | 2012 年 | 2013 年 | 2014 年 | 2014 年比 2013 年 |
| 钢 | kW·h/t | 448 | 474.5 | 474.8 | 465 | 469 | — |

续表

| 类别 | 产品电耗 | | | | | | 节电量（亿 kW•h） |
|---|---|---|---|---|---|---|---|
| | 单位 | 2010 年 | 2011 年 | 2012 年 | 2013 年 | 2014 年 | 2014 年比 2013 年 |
| 电解铝 | kW•h/t | 13 979 | 13 913 | 13 844 | 13 740 | 13 596 | 35.1 |
| 水泥 | kW•h/t | 89 | 89 | 88.4 | 87 | 86 | 14.9 |
| 平板玻璃 | kW•h/重量箱 | 7.1 | 6.7 | 6.6 | 6.2 | 6 | 0.0 |
| 合成氨 | kW•h/t | 1116 | 1090 | 1010 | 995 | 992 | 1.7 |
| 烧碱 | kW•h/t | 2203 | 2336 | 2359 | 2326 | 2272 | 16.5 |
| 电石 | kW•h/t | 3340 | 3450 | 3360 | 3423 | 3295 | 32.6 |
| 纸和纸板 | kW•h/t | 545 | 527 | 511 | 521 | 489 | 37.4 |
| 合 计 | | | | | | | 138.2 |

数据来源：国家统计局；国家发展改革委；工业和信息化部；中国煤炭工业协会；中国电力企业联合会；中国钢铁工业协会；中国有色金属工业协会；中国建材工业协会；中国化工节能技术协会；中国造纸协会；中国化纤协会。

# 3 建筑节电

## 本章要点

**(1) 建筑领域用电量占全社会用电量的比重略有下降**。2014年，全国建筑领域用电量为12 680亿kW•h，比上年增长4.05%，占全社会用电量的比重为22.79%，比重下降0.02个百分点。

**(2) 2014年建筑领域实现节电量1237亿kW•h**。2014年，建筑领域通过对新建建筑实施节能设计标准，对既有建筑实施节能改造，推广绿色节能照明、高效家电，以及大规模应用可再生能源等节电措施，实现节电量1237亿kW•h。其中，新建节能建筑和既有建筑节能改造实现节电量223亿kW•h，推广高效照明设备实现节电量460亿kW•h，推广高效家电实现节电量554亿kW•h。

## 3.1 综述

随着我国城镇化进程加快，我国年新增建筑规模一直保持着较大的增量，2014年全国新建建筑竣工面积达35.5亿$m^2$左右，继续稳居全球首位。近期的经济结构调整使得建筑电耗占比略有变化，增速放缓，但是总量庞大的新增建筑规模必然驱动着建筑运维使用过程中的用电增长。这一点从商业和居民建筑用电方面的反差可以很容易看到。

2014年，全国建筑领域用电量为12 680亿kW·h，比上年增长4.05%，占全社会用电量的比重为22.79%，比重下降0.02个百分点。我国建筑部门终端用电量情况，见表2-3-1。

**表2-3-1　我国建筑部门终端用电量　亿kW·h**

| 类别 | 2010年 | 2011年 | 2012年 | 2013年 | 2014年 |
|---|---|---|---|---|---|
| 全社会用电量 | 41 923 | 46 928 | 49 657 | 53 423 | 55 637 |
| 其中：建筑用电 | 9622 | 10 727 | 11 909 | 12 772 | 12 680 |
| 其中：民用 | 5125 | 5646 | 6219 | 6793 | 6936 |
| 商业 | 4497 | 5082 | 5690 | 6670 | 5744 |

数据来源：中国电力企业联合会；国家统计局。

## 3.2 主要节电措施

**(1) 实施新建节能建筑和既有建筑节能改造。**

2014年，新建建筑执行节能设计标准形成节能能力1065万tce，既有住宅节能改造形成节能能力192万tce。根据相关材料显示建筑能耗中电力比重约为55%，由此可推算，2014年新建节能建筑和既有建筑节能改造形成的节电量约为223亿kW·h。

**(2) 推广绿色照明。**

我国照明用电量约占全社会用电量的13%，采用高效照明产品替代白炽灯节能效果显著，逐步淘汰白炽灯对于促进我国照明电器行业结构优化、推动我国实现节能减排目标具有重要意义。

近年来我国绿色照明推广取得了巨大成果。节能灯产量从2001年的6.6亿只到2014年的43.7亿只，产量增长了6.6倍；节能灯与白炽灯的产量比从2001年的1∶3.5增长到2014年的1∶0.98。根据2014年国内照明灯具产量43.7亿只计算，除去出口和用于替换旧有灯具的部分，可以推算出2014年推广绿色照明可实现年节电能约

460亿kW·h。

**(3) 高效智能家电逐渐普及**。

2014年是智能家电的发展元年，主力家电企业如海尔、LG、三星、海信、美的等，以及一些互联网企业如乐视、小米等，均发布了智能家电或智能家居战略，这也是未来家电用能节能的一个新起点。随着能效标准的逐步更新，目前我国市场上销售的家电大多为能效等级较高的电器产品。

2014年我国彩色电视机产量突破1.4亿台，同比增长10.85%；彩电市场销量下降，达到6.6%，总销量达到4461万台。空调行业2014年国内空调产量14 463万台，同比上涨10.6%，其中，国内家用空调销量4656万台，同比下降4.8%；出口7017万台，同比增加12.5%，国内销量同比增速相比上年下降明显。洗衣机2014年国内销量为1873万台，同比增长2.68%；出口3763万台，同比下降0.2%。电冰箱国内销量2299万台，同比增长9.48%；出口5329万台，同比下降4.5%。2014年，我国累计生产微型计算机3.51亿台，下滑0.8%，其中，笔记本电脑2.27亿台；计算机全行业实现销售产值22 729亿元，同比增长2.9%，实现出口额1147.8亿美元，同比下降2.5%。

我国是家电生产和消费大国，据有关机构统计，家电年耗电量占全社会居民用电总量的80%，据此推算，2014年我国家电耗电约超过5549亿kW·h，尤其在我国进入全面建设小康社会、城镇化快速推进、城乡居民消费加速升级的时期后，节能家电的消费潜力将进一步释放。根据“节能产品惠民工程”以往数据推算的2014年我国主要节能家用电器销量约为2.17亿台计算，每年可节电约554亿kW·h[1]。

---

[1] 资料来源：财政部网站，“节能产品惠民工程”取得显著成效。

**(4) 大规模应用可再生能源**。

建筑领域是资源和能源消耗大户，工业、建筑和交通耗能占总能耗的90%以上，而整个建筑业能耗包括建筑运行能耗、生产能耗和建材生产等相关能耗的总和远远超过总能耗的50%以上。近两年来，我国大部分地区都出现了严重的雾霾天气，华北地区尤甚。可再生能源的广泛应用为建筑节能减排提供了另外的有效手段，主要体现在为建筑增加自用能源的生产能力，在一定范围内自产自用，尽量减少化石能源的使用，降低排放。

“十二五”期间国家将会着力推广新能源模块化应用，仅屋顶太阳能发电一项，发展前景就极为可观。截至2014年底，全国城镇太阳能光热应用面积31亿$m^2$，浅层地能应用面积4.7亿$m^2$，光电建筑已建成及正在建设装机容量达到2184MW。

## 3.3 节电效果

由于建筑节电涉及的技术种类庞杂、用电设备类型广泛、地区特点差异较大，因此全面对建筑节电进行统计相对困难。考虑到家用电器、照明设备等用电装置在建筑用电量中的比重较高，在总结建筑节电效果时，主要考虑这些设备的高能效产品的推广情况以及可再生能源在建筑领域的应用情况。

2014年，新建节能建筑和既有建筑节能改造实现节电量223亿kW·h，推广应用高效照明设备实现节电量460亿kW·h，推广高效家电实现节电量554亿kW·h。经汇总测算，2014年建筑领域主要节能手段约实现节电量1237亿kW·h。我国建筑领域节电情况统计，见表2-3-2。

表 2-3-2　我国建筑领域节电情况统计　亿 kW·h

| 类别 | 2010 年 | 2011 年 | 2012 年 | 2013 年 | 2014 年 |
| --- | --- | --- | --- | --- | --- |
| 新建节能建筑和既有建筑节能改造 | — | 257 | 222 | 276 | 223 |
| 高效照明设备 | 230 | 462 | 192 | 471 | 460 |
| 高效家电 | 560 | 337 | 384 | 550 | 554 |
| 总计 | 800 | 1056 | 799 | 1297 | 1237 |

**注**　建筑节电量统计不包括建筑领域可再生能源利用量。

数据来源：《2013 中国节能节电分析报告》《2013 年全国住房城乡建设领域节能减排专项监督检查节能建筑检查情况通报》《2013 年度中国洗衣机市场白皮书》。

# 4 交通运输节电

## 本章要点

**(1) 电气化铁路是我国交通运输行业节电主要领域**。截至2014年底，我国电气化铁路营业里程达到6.5万km，比上年增长16.9%，电气化率为58.3%，比上年提高4.2个百分点。2014年，全国电气化铁路用电量为397亿kW·h，比上年增长10.9%，占交通运输业用电总量的70%以上。

**(2) 交通运输业节电措施主要集中在技术改进及管理水平提升方面**。主要节电措施包括提高机车牵引吨位、推行交流传动方式、推广机车直供电技术、加强运营管理、引入新能源发电、加强基础设施及运营领域节能等。

**(3) 2014年，电力机车综合电耗为101.5 kW·h/(万t·km)，比上年下降了0.4kW·h/(万t·km)**。根据电气化铁路换算周转量(39 135亿t·km)计算，我国电气化铁路用电量比上年增长10.9%，2014年实现节电量至少为15 654万kW·h。

## 4.1 综述

在交通运输领域的公路、铁路、水路、航空四种运输方式中，电气化铁路用电量最大。

近年来，随着电气化铁路快速发展，用电量也逐年上升。截至2014年底，我国电气化铁路营业里程达到6.5万km，比上年增长16.9%，电气化率为58.3%，比上年提高4.2个百分点[1]。初步形成了布局合理、标准统一的电气化铁路运营网络。

近年来，我国高速铁路发展迅速，截至2014年底，我国高铁营业里程达1.6万km，居世界第一位。全国电力机车拥有量为1.16万台，占全国铁路机车拥有量的55.0%。其中，和谐型大功率机车8423台，比上年增加1406台。

2014年，我国电气化铁路用电量约397亿kW·h，比上年增长10.9%，占交通运输业用电总量的70%以上。

## 4.2 主要节电措施

交通运输系统中，电气化铁路是主要的节电领域。提高机车牵引吨位、优化牵引动力结构、推行交流传动方式、加强运营管理、引入新能源发电、加强基础设施及运营领域节能、推广自发光节能照明技术等是实现电气化铁路节电的有效途径。

**(1) 优化牵引动力结构。**

铁路列车牵引能耗占整个铁路运输行业的90%左右。根据相关测算结果[2]，内燃机车牵引铁路与电力牵引铁路的能耗系数分别为2.86和1.93，截至2013年底，全国铁路机车拥有量为2.08万台，比上年增加38台，其中内燃机车占47.8%，电力机车占52.1%，电力机车比重较上年再次上升。

---

[1] 铁道部，2013年铁道统计公报。

[2] 高速铁路的节能减排效应，中国能源报第24版，2012年5月14日。

**大型节能卷铁牵引变压器**：2015年1月，我国首台拥有自主知识产权的220kV/56.5MV·A卷铁芯牵引变压器通过了国家变压器质检监督检验中心的短路试验和全套型式试验，标志着世界上第一台大型卷铁芯节能牵引变压器在我国研制成功。相比目前被广泛使用的叠片式变压器，卷铁芯牵引变压器能够降低空载能耗40%以上。截至2013年底，我国电气化铁路总里程约为5.4万km。按每50km一个牵引变电站，每个牵引变电站安装4台牵引变压器计算，卷铁芯牵引变压器每年可节电7亿kW·h。如果将其推广到AT变压器和动力变压器上，每年可为铁路系统节电10亿kW·h。同时，节约10亿kW·h电量还意味着减少32万tce的消耗和83万t $CO_2$的排放[1]。

**(2) 推行交流传动方式**。

交流传动机车可单独对每个牵引电机输入电流和电压进行控制，具有很好的防空转能力，黏着利用率很高。我国不断加大交流传动电力机车的研发力度。我国北车集团大同电力机车有限责任公司针对神华集团神朔铁路的实际路情路况研制了“八轴大功率交流传动电力机车”，该型机车总功率9600kW，最高时速120 km，特别适用于区域性大宗货物进出和煤炭、石油等资源的铁路通道重载运输。

**(3) 加强运营管理**。

改进电气化铁路线路质量。铁路线路条件是影响电力机车牵引用电的重要因素之一，做好铁路运营线路的合理设计、建设、维护，将有助于提高机车运行效率，减少用电损失。根据《中长期铁路网调整

[1] 我国研制世界首台大型节能卷铁牵引变压器，工控中国，2015年1月。

规划方案》，至2020年，我国铁路电气化率预计达到60%以上，在高覆盖率下，铁路线路质量的管理维护对提高机车用电效率的影响将更为明显。

加强牵引供电系统运营管理。电气化铁路牵引供电设备的运行管理是实现节电的重要环节。通过制定科学细致的用电管理办法、细化用电管理措施、采取合理的节能用电调度方式等途径来加强管理，实现节电。

**(4) 引入新能源发电**。

在交通领域引入新能源发电。利用光伏发电原理制成太阳能电池，将太阳能技术引入公交车候车亭的试点建设。以广州市为例，目前已经在天河区、海珠区、白云区等地共16座候车亭进行了太阳能技术的应用，每座太阳能候车亭预计可年节省1635kW·h电量，16座太阳能候车亭年节省用电量共2.6万kW·h，节电效果显著。

**(5) 加强基础设施及运营领域节电**。

加强交通运输用能场所的用电管理。如对车站、列车的照明、空调、热水、电梯等采取节能措施，并根据场所所需的照明时段采取分时、分区的自动照明控制技术；在站内服务区、站台等区域推广使用LED灯；在公路建设施工期间集中供电等，均能有效实现节电。

**(6) 推广自发光节能照明技术**。

该技术利用吸储自然光后主动发光的新材料代替电力发光照明，解决农村公路及隧道夜间照明诱导问题。该技术安装方便，成本低廉。据测算[1]，农村公路采用该技术可实现每年每公里节能16.1tce，隧道采用该技术可实现每年每公里节能220.6tce。根据国家交通运输“十二五”发展规划，假设全国农村公路、绿道建设以及隧道建设分别

[1] 公路及隧道自发光节能照明标识设置工程，交通节能与环保，2015年1月。

推广该技术10%、50%和10%进行测算，每年可节约789.2万tce，减排2083.4万t $CO_2$。

## 4.3 节电效果

2014年，电力机车综合电耗为101.5 kW·h/（万t·km），比上年下降了0.4kW·h/（万t·km）。根据电气化铁路换算周转量（3.91万亿t·km）计算，我国电气化铁路用电量比上年增长10.9%，2014年实现节电量至少为1.56亿kW·h。

# 5 全社会节电成效

## 本 章 要 点

**(1) 全国单位GDP电耗同比下降，多年来看呈波动变化态势**。2014年，全国单位GDP电耗999 kW·h/万元，比上年下降2.84%，与2010年相比累计下降2.53%。“十一五”以来，我国单位GDP电耗水平呈波动变化趋势。其中，2006、2007年比上年分别上升2.56%和1.88%，2008、2009年分别下降7.53%和2.88%，2010、2011年分别上升4.91%和2.44%，2012年以来又呈现下降趋势。

**(2) 各地区单位GDP电耗以下降为多**。2014年，全国除了新疆、内蒙古、广东、西藏、海南等五个地区单位GDP电耗上升以外，其余地区均有不同程度的下降，这五个地区分别上升12.2%、2.7%、0.6%、0.1%、0.1%。下降幅度最大的三个地区为河南、湖南和上海，分别下降7.5%、8.2%、9.3%。

**(3) 全年节电效果较好**。2014年与2013年相比，我国工业、建筑、交通运输部门合计实现节电量1885.3亿kW·h。其中，工业部门节电量约为646.7亿kW·h，建筑部门节电量1237.0亿kW·h，交通运输部门节电量至少1.56亿kW·h。按照供电煤耗319 gce/(kW·h)来测算，节电量可减少$CO_2$排放1.3亿t，减少二氧化硫排放27.9万t，减少氮氧化物排放29.3万t。

**(4) 节电在节能工作中贡献较大**。2014年，通过节电而实现的节能量占社会技术节能量的比重约为79.5%。

（一）全国单位 GDP 电耗

**全国单位 GDP 电耗同比下降，下降速度也显著加快**。2014 年，全国单位 GDP 电耗 999 kW·h/万元，比上年下降 2.84%❶，与 2010 年相比累计下降 2.53%。“十一五”以来，我国单位 GDP 电耗水平呈波动变化趋势。其中，2006、2007 年比上年分别上升 2.56%和 1.88%，2008、2009 年分别下降 7.53%和 2.88%，2010、2011 年分别上升 4.91%和 2.44%，2012 年以来又呈现下降趋势。2000 年以来我国单位 GDP 电耗及变动情况，见图 2-5-1。

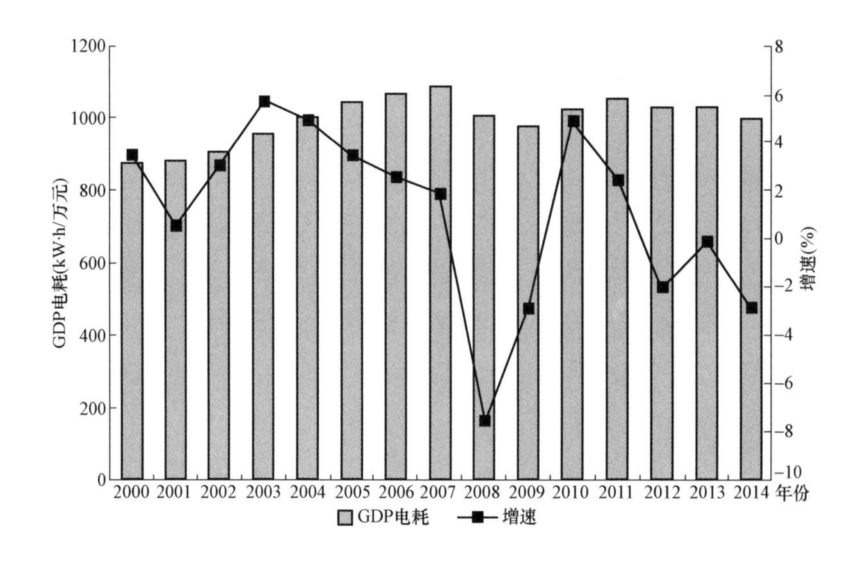


图 2-5-1 2000 年以来我国单位 GDP 电耗及变动情况

（二）分地区单位 GDP 电耗

2014 年，全国除了新疆、内蒙古、广东、西藏、海南等五个地区单位 GDP 电耗上升以外，其余地区均不同程度下降，这五个地区分别上升 12.2%、2.7%、0.6%、0.1%、0.1%。下降幅度最大的

❶ GDP 数据来自《2015 年中国统计年鉴》，用电量数据来自《2014 年电力工业统计资料汇编》。

三个地区为河南、湖南和上海，分别下降7.5%、8.2%、9.3%。2014年各地区单位GDP电耗变动情况，见表2-5-1。

表2-5-1 2014年各地区单位GDP电耗变动情况

| 地区 | 单位GDP电耗同比变化（%） | 地区 | 单位GDP电耗同比变化（%） |
|---|---|---|---|
| 北京 | -4.4 | 湖北 | -7.3 |
| 天津 | -6.8 | 湖南 | -8.2 |
| 河北 | -4.3 | 广东 | 0.6 |
| 山西 | -5.2 | 广西 | -2.6 |
| 内蒙古 | 2.7 | 海南 | 0.1 |
| 辽宁 | -4.1 | 重庆 | -3.8 |
| 吉林 | -4.1 | 四川 | -4.7 |
| 黑龙江 | -3.7 | 贵州 | -5.9 |
| 上海 | -9.3 | 云南 | -3.1 |
| 江苏 | -7.0 | 陕西 | -3.0 |
| 浙江 | -5.6 | 甘肃 | -6.3 |
| 安徽 | -5.0 | 青海 | -2.1 |
| 福建 | -0.7 | 宁夏 | -3.1 |
| 江西 | -2.0 | 新疆 | 12.2 |
| 山东 | -4.8 | 西藏 | 0.1 |
| 河南 | -7.5 | | |

**注** GDP按照2010年价格计算。

数据来源：国家统计局，《2015中国统计年鉴》。

### （三）节电量

2014 年与 2013 年相比，我国工业、建筑、交通运输部门合计实现节电量 1885.3 亿 kW•h。其中，工业部门节电量约为 646.7 亿 kW•h，建筑部门节电量 1237.0 亿 kW•h，交通运输部门节电量至少 1.56 亿 kW•h。按照供电煤耗 319 gce/（kW•h）来测算，节电量可减少 $CO_2$ 排放 1.3 亿 t，减少二氧化硫排放 27.9 万 t，减少氮氧化物排放 29.3 万 t。2014 年我国主要部门节电量，见表 2-5-2。

**表 2-5-2　　2014 年我国主要部门节电量**

| 部　门 | 节电量（亿 kW•h） | 比重（%） |
| --- | --- | --- |
| 工业 | 646.7 | 34.3 |
| 建筑 | 1237.0 | 65.6 |
| 交通运输 | 1.56 | 0.1 |
| 总计 | 1885.3 | 100 |

**注**　工业节电量是根据所统计产品 2014 年与 2013 年电耗变化测算的。

# 专　题　篇

# 1

# 节 能 服 务

## 1.1 中国节能服务行业概况

2012年《“十二五”国家战略性新兴产业发展规划》正式发布，节能环保产业被列为我国战略性新兴产业之首，10多年来，这个新兴产业持续健康稳步发展，并取得了辉煌的成绩。节能服务公司(energy services company，ESCO)是提供用能状况诊断、节能项目设计、融资、改造（施工、设备安装、调试）、运行管理等服务的专业化公司。节能服务公司迅猛发展，截至2014年底，实施合同能源管理的节能服务公司有4852家，节能服务公司从业人数已达到56万人，节能服务产业产值2650.4亿元，比2013年增长23.0%，合同能源管理投资额为998.8亿元，比2013年增加29.2%，实现节能量2996.2万tce。

中国工业节能与清洁生产协会2014年以上年度实际产生的节能量为单一指标排名，评选了前100家节能服务公司。2013年，节能服务百强企业共实现节能量923.5万tce，减排$CO_2$ 2232.2万t，占节能服务产业相应总量的34.9%。百强企业总产值从2011年的239.2亿元增长到2013年的314.1亿元，年均增长率为14.6%。2.06%的企业，4.69%的员工，实现了14.57%的总产值，实现了27.28%的项目投资额，创造了34.88%的节能量和$CO_2$减排量。百强企业注册地主要聚集在广东、北京两地，分别为32家和24家，占

56%，江苏、上海分别上榜5家。节能产值贡献最大的是北京，为218.9亿元；其次是广东，为50.4亿元。百强企业主要服务于钢铁、电力、化工等高耗能行业以及建筑领域。

## 1.2 主要政策

过去十多年里，随着节能服务产业的不断发展，我国节能服务产业发展支持政策也经历了一个逐步发展和完善的过程。目前，我国已经出台了一系列综合性的节能服务产业发展支持政策，涉及面广，力度强，在世界各国中也是绝无仅有的，体现了国家对节能工作的重视和发展节能服务产业的迫切愿望。2010年4月，国务院办公厅发布了《关于加快推行合同能源管理，促进节能服务产业发展意见的通知》（国办发〔2010〕25号）明确指出了推行合同能源管理的意义，要求“各地区、各部门要充分认识推行合同能源管理、发展节能服务产业的重要意义，采取切实有效措施，努力创造良好的政策环境，促进节能服务产业加快发展”，并重点阐述了推行合同能源管理所采取的财政、税收和金融等方面的诸项政策措施。这标志着在合同能源管理模式引入中国十多年后，终于确立了应有的市场地位，具有重要的战略意义和现实意义。

2010年12月，财政部、国家税务总局发布《关于促进节能服务产业发展增值税、营业税和企业所得税政策问题的通知》，对符合条件的节能服务公司实施合同能源管理项目暂免征收营业税，对将项目中的增值税应税货物转让给用能企业，暂免征收增值税。对符合条件的节能服务公司实施合同能源管理项目自取得第一笔生产经营收入所属纳税年度起，第一年至第三年免征企业所得税，第四年至第六年按照25%的法定税率减半征收企业所得税。

部分地方政府也出台激励政策。2014年1月，北京市发展改革委、市财政局发布《关于开展能源费用托管型合同能源管理项目试点工作的通知》，对试点项目实施一个会计年度后，公共服务平台根据第三方节能量审核机构核定的节能量，按照360元/tce的标准，向节能服务公司一次性拨付市级财政奖励资金。

## 1.3 国家电网公司节能服务体系

2010年11月，国家发展改革委等六部委联合下发的《电力需求侧管理办法》（发改运行〔2010〕2643号）中明确规定，电网企业作为电力需求侧管理的重要实施主体，应主动承担科学用电、节约用电的职责，自行开展并引导用户实施节能项目，每年节约电力电量指标不低于售电营业区内上年售电量、最大用电负荷的0.3%。该办法的出台促进了电网企业节能服务工作的开展，国家电网公司、南方电网公司积极响应，分别推出了国家电网公司节能服务体系建设规划和南方电网公司节能服务绿色行动方案。

电网企业构建节能服务体系具有自身独特的优势：

（1）市场营销优势。电力企业营销网络遍布各行政区域，拥有一大批营销网点和营销队伍，与客户关系紧密，有利于减少节能技术的推广成本。同时，能够较好地了解客户的信用和经营状况，有助于规避节能推广中的效益回收风险。

（2）技术优势。电力企业拥有配用电设备研究、制造、设计，以及变压器经济运行、无功自动补偿、电力系统经济运行领域的技术和人才。特别是以电力用户为对象开展节能服务，可充分将负荷管理技术与节电技术相结合，利用自身的技术和信息优势，帮助用户合理安排用电方式，客观准确地进行节电诊断，制定合理的节能改造方案，帮助用户实现最大的节能效益。

（3）资金优势。电力企业金融资信较高，融资能力强。此外，电力企业主要以电费方式获得现金流，也使得电力企业能够较好地了解客户的信用和经营状况，有助于规避节能推广中的效益回收风险。

2013年1月国家电网公司在总部层面成立了节能服务公司，目前已建成国网节能公司和27个省级节能公司。截至2015年10月底，公司系统当年累计签订节能服务项目合同550个，预期总投资20.56亿元，预期总收入28.34亿元，项目年节约电量48.18亿kW·h，年节约电力能力108.01万kW。

商业模式主要有三种，均是节能服务公司承担投入，合同期满后均是项目节能效益和项目所有权归客户所有，合同期内存在不同：①节能效益分享型，在合同期内与客户按照约定比例分享节能收益；②节能效益保证型，在合同期内向企业承诺一定节能量，达不到的部分由公司负担，超出的部分双方分享；③能源费用托管型，在合同期内按约定的标准结算能源消耗和维护费。

在节能服务业务开展初期，国家电网公司的节能服务企业的服务领域主要是配电网节能，包括无功补偿节能改造、配电网能效管理系统建设、变压器经济运行、配电台区节能改造；建筑节能，例如技术培训中心、办公园区等；大工业用户节能，例如钢铁企业的余热发电项目、电机变频调速；交通节能，目前侧重于路灯节能改造。节能服务公司随着业务经验的积累，将逐步拓展业务领域，扩大服务范围，面向各类终端用能单位或团体提供系统化、专业化节能服务。

公司通过实施合同能源管理，推动社会企业实施节能项目，近年来节能量快速增长，如图3-1-1所示。2014年帮助社会终端节约电量238.4亿kW·h，减排$CO_2$ 1842万t。

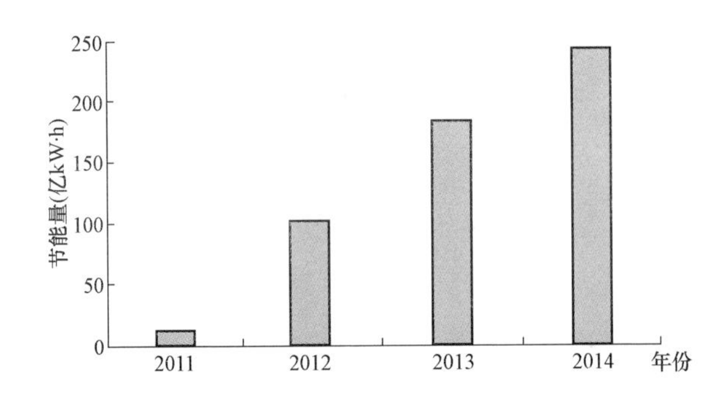


图 3-1-1　国网节能服务公司推动社会终端节能量

# 2

# 需　求　响　应

## 2.1　需求响应简介

实施需求响应，有利于削减或转移高峰用电负荷，保障电力供需平衡和系统安全可靠运行，并节约大量电源电网投资和调峰成本；有利于提升电力应急保障能力，保障电力供需平衡和生产生活秩序；有利于消纳可再生能源发电，推动智能电网的应用和发展；有利于引导企业建设能源管理信息化系统，用信息技术改造提升工业竞争力，为未来发展智能制造、智慧城市奠定基础。

需求响应是指在用电高峰时段或系统安全可靠性存在风险时，允许电力用户根据用电价格信号或者激励机制，选择减少或增加某时段用电负荷。电力需求侧响应与电力市场化具有强伴生关系。需求侧响应机制主要分为价格型需求侧响应机制和激励性需求侧响应机制两类，如图 3-2-1 所示。

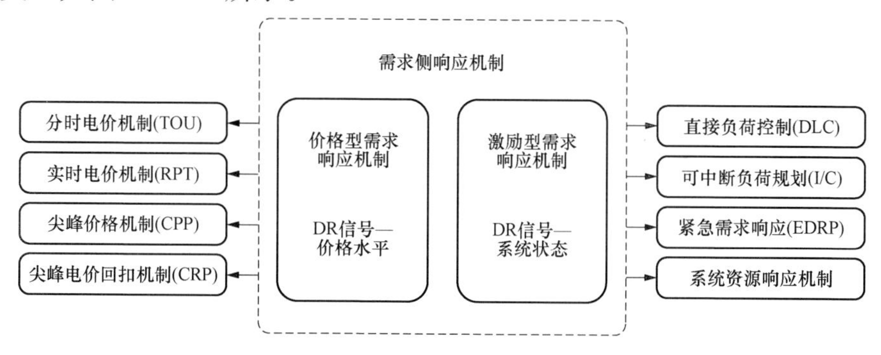


图 3-2-1　需求响应机制分类

需求响应是电力市场化改革的重要突破口，实现节电和提高能效，减缓电源和电网设施建设，实现荷网源储的协调互动的重要技术手段。随着智慧城市建设与发展，电网将与分布式电源、储能、电动汽车等用户侧设备实现广泛互联，以及与电、气、冷、热等多类型能源协调运行，需求响应将发挥更大作用。

## 2.2 主要政策

2012 年 7 月，财政部颁布《电力需求侧管理城市综合试点工作中央财政奖励资金管理暂行办法》（财建〔2012〕367 号），明确了奖励范围及标准，永久性节约负荷奖励 440～550 元/kW，需求响应奖励 100 元/kW。

2012 年 10 月，财政部、国家发展改革委联合发布《关于开展电力需求侧管理城市综合试点工作的通知》（财建〔2012〕368 号），确定首批试点城市名单为北京市、江苏省苏州市、河北省唐山市、广东省佛山市（以下简称试点城市）。中央财政安排专项资金，按实施效果对综合试点工作给予适当奖励，对通过需求响应临时性减少的高峰电力负荷，奖励 100 元/kW。

2015 年 3 月，中共中央、国务院联合发布《关于进一步深化电力体制改革的若干意见》（中发〔2015〕9 号），明确要求积极开展电力需求侧管理，通过实施需求响应，促进供需平衡和节能减排。

2015 年 4 月，国家发展改革委、财政部印发《关于完善电力应急机制做好电力需求侧管理城市综合试点工作的通知》（发改运行〔2015〕703 号），要求试点城市在 2015 年夏季、冬季用电高峰以及供应紧张时实施需求响应，吸引用户主动减少高峰用电负荷并自愿参与需求响应，以更加市场化的方式保障电力供需平衡。

2015 年 4 月，国家发展改革委发布《关于完善电力应急机制做好电力需求侧管理城市综合试点的通知》（发改运行〔2015〕703号），要求需求响应试点城市及所在省份要加强电力需求侧管理平台（以下简称平台）建设。鼓励用户按照《电力需求侧管理平台建设技术规范（试行）》要求，实现用电在线监测并接入国家平台。对于已安装建筑分项计量或能源管理系统（EMS）等具备用电在线监测功能的用户，鼓励通过必要的数据接口接入国家平台。引导与发电企业直接交易的用户加快实现在线监测并接入国家平台。对于接入国家平台并主动参与需求响应的用户，原则上不再采取拉闸限电措施。大力加强能力建设，通过现场会、经验交流会等推广宣传好的经验和案例，利用国家平台的网络培训等功能加强宣传培训。

2014年，国家发展改革委委托国家电网公司等单位开发了国家电力需求侧管理平台[1]。该平台采用大数据和云计算技术，以省为单元接入负荷、用电、经济、政策等各类信息，具有经济分析、电力供需形势分析、有序用电管理、需求响应、DSM目标责任考核、企业在线监测等功能，为政府部门、电力企业、电力用户、电能服务商等提供决策支撑服务。该平台在服务电网企业开展需求侧管理、引导用户主动节能和移峰填谷等方面已发挥了重大作用，并吸引更多的工业用户使用便捷高效、控制精准的电能。

平台为需求响应提供了实时在线监测、执行响应、沟通交互的平台，显著提高数据处理速度和信息交流速度，是组织大量用户完成需求响应的必备信息化基础。根据负荷预测提前一天（或者当天）在电力需求侧管理平台及APP上发布需求响应的负荷

[1] www.dsm.gov.cn.

量、响应时间和基线负荷，向用户邀约，在邀约过程中与用户及负荷集成商进行充分在线沟通；用户和集成商在平台上及时反馈是否参加本次需求响应；执行需求响应时通过电力需求侧管理平台实时监测、自动记录，并统计响应量及响应时间，判断实施效果。

电力需求侧管理城市综合试点省市政府也发布了实施需求响应的一系列政策。例如江苏省经信委和物价局于 2015 年 6 月 15 日印发了《江苏省电力需求响应实施细则（试行）》，准确详细说明了电力需求减少的算法、基线负荷算法等，明确说明了效果评估和补贴核发办法。通过政策文件明确需求响应组织工作的约束条件，明确用户自愿自由行为的合理化边界，保证了需求响应的有效性和高效率。

## 2.3 需求响应试点实践

2015 年夏季佛山市、江苏省、北京市通过省市级电力需求侧管理平台实施了需求响应，见表 3 - 2 - 1。

7 月 30 日上午 10 时至 11 时，佛山市实施首次电力需求响应，市经信局及市供电公司通过电力需求侧管理平台组织响应，33 家用户及 3 家电能服务商（签订协议逾 60 家）参加了本次需求响应事件，邀约负荷为 4 万 kW，实际负荷削减量达到 4.2 万 kW。

7 月 30 日下午 14 时至 15 时，苏州市首次实施需求响应，24 家用户和 5 家负荷集成商参与响应，总计响应负荷 23 万 kW。8 月 4 日 14 时 30 分至 15 时，江苏省实施首次全省范围的电力需求响应，省经信委及省电力公司通过电力需求侧管理平台邀约了申请需求响应的全部 557 家用户和 8 家负荷集成商（签订协议 586 家），实际参与用户 513 户和集成商 8 家，邀约负荷 162.74 万 kW，实际减少负荷 165.77 万 kW。

8 月 12 日 11 时至 12 时，北京市实施了首次全市范围内的电力需求响应工作，市发展改革委、北京节能环保中心组织 17 家负荷集成商、74 家用户参与，提前 24 小时发布需求，实际削减电力负荷约 7 万 kW，并临时组织大用户实施“提前 30 分钟通知”的需求响应，在 12 时至 13 时累计削减负荷近 3 万 kW。8 月 13 日 11 时至 13 时北京市再次执行需求响应，削减负荷约 6.6 万 kW。

**表 3-2-1　　2015 年夏季需求响应统计**　　万 kW

| 城市 | 时间 | 参与用户 | 计划消减 | 实际消减 |
| --- | --- | --- | --- | --- |
| 江苏 | 7 月 30 日 14 时至 15 时 | 24 家用户，5 家负荷集成商 | 23 | 23 |
| | 8 月 4 日 14 时 30 分至 15 时 | 513 家用户，8 家负荷集成商 | 163 | 165.8 |
| 北京 | 8 月 12 日 11 时至 12 时 | 74 家用户，17 家负荷集成商 | — | 7 |
| | 8 月 13 日 11 时至 13 时 | 73 家用户，15 家负荷集成商 | — | 6.6 |
| 佛山 | 7 月 30 日 10 时至 11 时 | 33 家用户，3 家负荷集成商 | 4 | 4.2 |

# 附录 1 能源和电力数据

附表 1-1 中国能源与经济主要指标

| 类别 | | 2000 年 | 2005 年 | 2010 年 | 2011 年 | 2012 年 | 2013 年 | 2014 年 |
|---|---|---|---|---|---|---|---|---|
| 人口（万人） | | 126 743 | 130 756 | 133 920 | 134 735 | 135 404 | 136 072 | 136 782 |
| 城镇人口比重（%） | | 36.2 | 43.0 | 49.7 | 51.3 | 52.6 | 53.7 | 54.8 |
| GDP 增长率（%） | | 8.4 | 11.3 | 9.2 | 9.3 | 7.7 | 7.7 | 7.3 |
| GDP（亿元） | | 99 215 | 184 937 | 401 513 | 473 104 | 519 470 | 568 845 | 636 139 |
| 经济结构（%） | 第一产业 | 15.1 | 12.1 | 10.1 | 10.0 | 10.1 | 10.0 | 9.2 |
| | 第二产业 | 45.9 | 47.4 | 46.7 | 46.6 | 45.3 | 43.9 | 42.7 |
| | 第三产业 | 39.0 | 40.5 | 43.2 | 43.4 | 44.6 | 46.1 | 48.1 |
| 人均 GDP（美元） | | 949 | 1808 | 4425 | 5375 | 6078 | 6750 | 7571 |
| 一次能源消费量（Mtce） | | 1455.3 | 2360.0 | 3249.4 | 3480.0 | 3617.0 | 3750.0 | 4260.0 |
| 原油进口依存度（%） | | 26.4 | 36.4 | 54.5 | 55.1 | 56.4 | 56.5 | 59.3 |
| 城镇居民人均可支配收入（元） | | 6280 | 10 493 | 19 109 | 21 810 | 24 565 | 26 955 | 28 844 |
| 农村居民家庭人均纯收入（元） | | 2253 | 3255 | 5919 | 6977 | 7917 | 8896 | 10 489 |

续表

| 类别 | | 2000 年 | 2005 年 | 2010 年 | 2011 年 | 2012 年 | 2013 年 | 2014 年 |
|---|---|---|---|---|---|---|---|---|
| 人均住房面积（$m^2$） | 城市（建筑面积） | 20.3 | 27.8 | 31.6 | 32.7 | 32.9 | — | — |
| | 农村（居住面积） | 24.8 | 29.7 | 34.1 | 36.2 | 37.1 | — | — |
| 民用汽车拥有量（万辆） | | 1608.9 | 3159.7 | 7801.8 | 9356.3 | 10 933.1 | 12 670.1 | 15 447 |
| 其中：私人载客汽车 | | 365.1 | 1383.9 | 4989.5 | 6237.5 | 8838.6 | 10 501.7 | — |
| 人均能耗（kgce） | | 1148 | 1805 | 2426 | 2583 | 2671 | 2756 | 3114 |
| 居民家庭人均生活用电（kW·h） | | 132 | 217 | 380 | 417 | 459 | 499 | 508 |
| 能源工业固定资产投资（亿元） | | 2840 | 10 206 | 20 899 | 23 046 | 25 500 | 29 009 | 31 725 |
| 发电量（TW·h） | | 1355.6 | 2500.3 | 4207.1 | 4700.1 | 4937.8 | 5372.1 | 5649.6 |
| 钢产量（Mt） | | 128.5 | 353.2 | 637.2 | 683.9 | 717.2 | 779，0 | 822.7 |
| 水泥产量（Mt） | | 597.0 | 1068.9 | 1881.9 | 2085.0 | 2210.0 | 2416.0 | 2476.1 |
| 货物出口总额（亿美元） | | 2492.0 | 7619.5 | 15 779.5 | 18 983.8 | 20 487.1 | 22 090.0 | 23 427.8 |
| 货物进口总额（亿美元） | | 2250.9 | 6599.5 | 13 962.4 | 17 434.8 | 18 184.1 | 19 499.9 | 19 603.9 |
| $SO_2$排放量（Mt） | | 19.95 | 25.49 | 21.85 | 22.18 | 21.18 | 20.44 | 19.74 |
| 人民币兑美元汇率 | | 8.2785 | 8.1943 | 6.7695 | 6.5488 | 6.3125 | 6.1932 | 6.1428 |

**注** 1. GDP 按当年价格计算，增长率按可比价格计算。

2. 能源工业固定资产投资包括煤炭开采洗选业、石油和天然气开采业、石油加工和炼焦业、电力和热水生产及供应业、燃气生产和供应业。

数据来源：国家统计局；海关总署；中国电力企业联合会；环境保护部。

**附表 1-2　人均能源与经济指标的国际比较（2014年）**

| 类别 | | 中国 | 美国 | 欧盟 | 日本 | 俄罗斯 | 印度 | OECD国家 | 世界 |
|---|---|---|---|---|---|---|---|---|---|
| 人口（百万） | | 1367.8 | 323.9 | 507.4 | 127.5 | 143.7 | 1283.0 | 1248.9 | 7283.6 |
| 人均GDP（美元） | | 7571 | 54 630 | 36 451 | 36 194 | 14 382 | 1267 | 34 494 | 10 613 |
| 人均化石燃料可采储量 | 煤（t） | 175 | 733 | 110 | 2.7 | 1093 | 47 | 308 | 139 |
| | 石油（t） | 2.51 | 18.22 | 1.58 | 0.05 | 98.12 | 0.62 | 29.78 | 33.05 |
| | 天然气（$m^3$） | 3615 | 30 256 | 2956 | 164 | 226 822 | 1091 | 15 614 | 25 880 |
| 人均一次能源消费量（kgce） | | 2807 | 10 138 | 4010 | 5110 | 6779 | 710 | 6290 | 2536 |
| 人均石油消费量（kg） | | 380 | 2581 | 1169 | 1545 | 1030 | 141 | 1627 | 578 |
| 人均发电量（kW·h） | | 4130 | 13 267 | 6390 | 8323 | 7406 | 860 | 8618 | 3277 |
| 人均钢产量（kg） | | 601 | 273 | 333 | 868 | 492 | 67 | 408 | 228 |
| 每千人汽车拥有量（辆） | | 81 | 801 | 514 | 595 | 317 | 24 | 578 | 163 |
| 人均$CO_2$排放量（$t-CO_2$） | | 6.83 | 18.77 | 7.30 | 10.53 | 11.54 | 1.72 | 11.02 | 4.85 |

注　1. 每千人汽车拥有量为2012年。

2. 中国煤、油、气可采储量为中国国土资源部数据，世界总计在BP Statistical Review of World Energy数据基础上作了修正。

数据来源：中国国家统计局；IEA；World Bank；IMF；BP Statistical Review of World Energy，June 2015；国际钢铁协会；日本能源经济研究所，日本能源与经济统计手册2015年版。

附表 1-3　　中国能源和电力消费弹性系数

| 年份 | 能源消费比上年增长（%） | 电力消费比上年增长（%） | 国内生产总值比上年增长（%） | 能源消费弹性系数 | 电力消费弹性系数 |
|---|---|---|---|---|---|
| 1990 | 1.8 | 6.2 | 3.8 | 0.47 | 1.63 |
| 1991 | 5.1 | 9.2 | 9.2 | 0.55 | 1.00 |
| 1992 | 5.2 | 11.5 | 14.2 | 0.37 | 0.81 |
| 1993 | 6.3 | 11.0 | 14.0 | 0.45 | 0.79 |
| 1994 | 5.8 | 9.9 | 13.1 | 0.44 | 0.76 |
| 1995 | 6.9 | 8.2 | 10.9 | 0.63 | 0.75 |
| 1996 | 3.1 | 7.4 | 10.0 | 0.31 | 0.74 |
| 1997 | 0.5 | 4.8 | 9.3 | 0.06 | 0.52 |
| 1998 | 0.2 | 2.8 | 7.8 | 0.03 | 0.36 |
| 1999 | 3.2 | 6.1 | 7.6 | 0.42 | 0.80 |
| 2000 | 4.5 | 9.5 | 8.4 | 0.54 | 1.13 |
| 2001 | 5.8 | 9.3 | 8.3 | 0.70 | 1.12 |
| 2002 | 9.0 | 11.8 | 9.1 | 0.99 | 1.30 |
| 2003 | 16.2 | 15.6 | 10.0 | 1.60 | 1.56 |
| 2004 | 16.8 | 15.4 | 10.1 | 1.66 | 1.52 |
| 2005 | 13.5 | 13.5 | 11.3 | 1.19 | 1.19 |
| 2006 | 9.6 | 14.6 | 12.7 | 0.76 | 1.15 |
| 2007 | 8.7 | 14.4 | 14.2 | 0.61 | 1.01 |
| 2008 | 2.9 | 5.6 | 9.6 | 0.30 | 0.58 |
| 2009 | 4.8 | 7.2 | 9.2 | 0.52 | 0.78 |
| 2010 | 7.3 | 14.8 | 10.6 | 0.69 | 1.25 |
| 2011 | 7.3 | 12.1 | 9.5 | 0.77 | 1.31 |
| 2012 | 3.9 | 5.9 | 7.7 | 0.51 | 0.72 |
| 2013 | 3.7 | 8.9 | 7.7 | 0.48 | 1.16 |
| 2014 | 2.2 | 3.8 | 7.3 | 0.30 | 0.51 |

数据来源：国家统计局。

**附表1-4　　中国城乡居民生活水平和能源消费**

| 类别 | | | 2005年 | 2009年 | 2010年 | 2011年 | 2012年 | 2013年 | 2014年 |
|---|---|---|---|---|---|---|---|---|---|
| 人均GDP（美元） | | | 1731 | 3748 | 4425 | 5375 | 6091 | 6856 | 7571 |
| 城镇居民人均可支配收入（元） | | | 10 493 | 17 175 | 19 109 | 21 810 | 24 565 | 26 955 | 28 844 |
| 农村居民家庭人均纯收入（元） | | | 3255 | 5153 | 5919 | 6977 | 7917 | 8896 | 10 489 |
| 城镇居民家庭恩格尔系数（%） | | | 36.7 | 36.5 | 35.7 | 36.3 | 36.2 | 35.0 | — |
| 农村居民家庭恩格尔系数（%） | | | 45.5 | 41.0 | 41.1 | 40.4 | 39.3 | 37.7 | — |
| 人均住房面积（$m^2$） | 城镇（建筑面积） | | 27.8 | 31.3 | 31.6 | 32.7 | 32.9 | — | — |
| | 农村（居住面积） | | 29.7 | 33.6 | 34.1 | 36.2 | 37.1 | — | — |
| 耗能器具和设备普及率（台/百户） | 房间空调器 | 城镇 | 80.7 | 106.8 | 112.1 | 122.0 | 126.8 | — | 107.4 |
| | | 农村 | 6.4 | 12.2 | 16.0 | 22.6 | 25.4 | — | 34.2 |
| | 电冰箱 | 城镇 | 90.7 | 95.4 | 96.6 | 97.2 | 98.5 | — | 91.1 |
| | | 农村 | 20.1 | 37.1 | 45.2 | 61.5 | 67.3 | — | 77.6 |
| | 彩色电视机 | 城镇 | 134.8 | 135.7 | 137.4 | 135.2 | 136.1 | — | 122.0 |
| | | 农村 | 84.1 | 108.9 | 111.8 | 115.5 | 116.9 | — | 115.6 |
| | 家用计算机 | 城镇 | 41.5 | 65.7 | 71.2 | 81.9 | 87 | — | 76.2 |
| | | 农村 | 2.1 | 7.5 | 10.4 | 18.0 | 21.4 | — | 23.5 |
| | 家用汽车 | 城镇 | 3.4 | 10.9 | 13.1 | 18.6 | 21.9 | — | 25.7 |
| 人均耗能（kgce） | | | 1805 | 2297 | 2693 | 2873 | 2970 | 3063 | 3114 |
| 人均生活用电（kW·h） | | | 217 | 343 | 381 | 418 | 461 | 500 | 508 |
| 城镇 | | | 306 | 429 | 445 | 464 | 501 | 528 | 525 |
| 农村 | | | 149 | 267 | 316 | 368 | 415 | 465 | 485 |

数据来源：国家统计局；中国电力企业联合会。

附表 1-5　　中国分品种能源产量

| 年份 | 原煤（Mt） | 原油（Mt） | 天然气（亿 $m^3$） | 发电量（TW·h） | 其中水电（TW·h） |
|---|---|---|---|---|---|
| 1990 | 1080 | 138.3 | 153.0 | 621.2 | 126.7 |
| 1991 | 1087 | 141.0 | 160.7 | 677.5 | 124.7 |
| 1992 | 1116 | 142.1 | 157.9 | 753.9 | 130.7 |
| 1993 | 1150 | 145.2 | 167.7 | 839.5 | 151.8 |
| 1994 | 1240 | 146.1 | 175.6 | 928.1 | 167.4 |
| 1995 | 1361 | 150.1 | 179.5 | 1007.0 | 190.6 |
| 1996 | 1397 | 157.3 | 201.1 | 1081.3 | 188.0 |
| 1997 | 1388 | 160.7 | 227.0 | 1135.6 | 196.0 |
| 1998 | 1332 | 161.0 | 232.8 | 1167.0 | 198.9 |
| 1999 | 1364 | 160.0 | 252.0 | 1239.3 | 196.6 |
| 2000 | 1384 | 163.0 | 272.0 | 1355.6 | 222.4 |
| 2001 | 1472 | 164.0 | 303.3 | 1480.8 | 277.4 |
| 2002 | 1550 | 167.0 | 326.6 | 1654.0 | 288.0 |
| 2003 | 1835 | 169.6 | 350.2 | 1910.6 | 283.7 |
| 2004 | 2123 | 175.87 | 414.6 | 2203.3 | 353.5 |
| 2005 | 2365 | 181.35 | 493.2 | 2500.3 | 397.0 |
| 2006 | 2570 | 184.77 | 585.5 | 2865.7 | 435.8 |
| 2007 | 2760 | 186.32 | 692.4 | 3281.6 | 485.3 |
| 2008 | 2903 | 190.43 | 803.0 | 3495.76 | 637.0 |
| 2009 | 3115 | 189.49 | 852.7 | 3714.65 | 615.6 |
| 2010 | 3428 | 203.01 | 948.5 | 4207.16 | 722.17 |
| 2011 | 3764 | 202.88 | 1026.9 | 4713.02 | 698.95 |
| 2012 | 3945 | 205.71 | 1070.4 | 5121.04 | 863.43 |
| 2013 | 3974 | 209.47 | 1170.5 | 5397.59 | 911.64 |
| 2014 | 3874 | 211.43 | 1301.6 | 5649.58 | 1064.34 |

数据来源：国家统计局。

**附表 1-6 世界石油、天然气、煤炭产量**

| 石油（Mt） | | | | | |
|---|---|---|---|---|---|
| 国别 | 2010年 | 2011年 | 2012年 | 2013年 | 2014年 |
| 沙特阿拉伯 | 473.8 | 525.8 | 547.0 | 538.4 | 543.4 |
| 俄罗斯 | 505.1 | 511.4 | 526.2 | 531.0 | 534.1 |
| 美国 | 339.9 | 352.3 | 399.9 | 448.5 | 519.9 |
| 中国 | 202.4 | 202.9 | 207.5 | 209.5 | 211.4 |
| 加拿大 | 164.4 | 172.6 | 182.6 | 194.4 | 209.8 |
| 伊朗 | 207.1 | 205.8 | 174.9 | 165.8 | 169.2 |
| 阿联酋 | 131.4 | 150.1 | 154.1 | 165.7 | 167.3 |
| 科威特 | 122.7 | 140.0 | 152.5 | 151.5 | 150.8 |
| 墨西哥 | 146.3 | 145.1 | 143.9 | 141.8 | 137.1 |
| 伊拉克 | 121.4 | 136.9 | 152.4 | 153.2 | 160.3 |
| 委内瑞拉 | 142.5 | 139.6 | 136.6 | 137.9 | 139.5 |
| 尼日利亚 | 117.2 | 117.4 | 116.2 | 110.7 | 113.5 |
| 巴西 | 111.7 | 114.6 | 112.2 | 109.8 | 122.1 |
| 挪威 | 98.6 | 93.4 | 87.5 | 83.2 | 85.6 |
| 世界 | 3945.4 | 3995.6 | 4118.9 | 4126.6 | 4220.6 |
| OPEC国家 | 1645.9 | 1695.9 | 1778.4 | 1734.4 | 1739.6 |

| 天然气（亿 $m^3$） | | | | | |
|---|---|---|---|---|---|
| 国别 | 2010年 | 2011年 | 2012年 | 2013年 | 2014年 |
| 美国 | 6041 | 6513 | 6814 | 6891 | 7283 |
| 俄罗斯 | 5889 | 6070 | 5923 | 6047 | 5787 |
| 伊朗 | 1462 | 1518 | 1605 | 1640 | 1726 |
| 卡塔尔 | 1167 | 1468 | 1570 | 1565 | 1772 |
| 加拿大 | 1599 | 1605 | 1565 | 1561 | 1620 |
| 中国 | 949 | 1031 | 1072 | 1171 | 1302 |
| 挪威 | 1064 | 1014 | 1149 | 1087 | 1088 |

续表

| 天然气（亿 $m^3$） | | | | | |
|---|---|---|---|---|---|
| 国别 | 2010年 | 2011年 | 2012年 | 2013年 | 2014年 |
| 沙特阿拉伯 | 877 | 992 | 1028 | 1000 | 1082 |
| 阿尔及利亚 | 804 | 780 | 815 | 815 | 833 |
| 印度尼西亚 | 820 | 756 | 711 | 721 | 734 |
| 马来西亚 | 652 | 653 | 665 | 672 | 664 |
| 荷兰 | 705 | 642 | 639 | 687 | 558 |
| 土库曼斯坦 | 424 | 5951 | 623 | 623 | 693 |
| 墨西哥 | 551 | 525 | 569 | 582 | 581 |
| 埃及 | 613 | 613 | 609 | 561 | |
| 阿联酋 | 513 | 523 | 543 | 546 | 578 |
| 乌兹别克斯坦 | 596 | 570 | 569 | 569 | 573 |
| 世界 | 31 782 | 32 762 | 33 639 | 34 080 | 34 606 |

| 煤炭（Mt） | | | | | |
|---|---|---|---|---|---|
| 国别 | 2010年 | 2011年 | 2012年 | 2013年 | 2014年 |
| 中国 | 3428 | 3764 | 3945 | 3974 | 3874 |
| 美国 | 983.7 | 992.8 | 922 | 950 | 907 |
| 印度 | 573.8 | 588.5 | 606 | 619 | 644 |
| 澳大利亚 | 424.0 | 415.5 | 431 | 471 | 491 |
| 印度尼西亚 | 305.9 | 324.9 | 386 | 449 | 458 |
| 俄罗斯 | 321.6 | 333.5 | 355 | 355 | 358 |
| 南非 | 254.3 | 255.1 | 260 | 256 | 281 |
| 德国 | 182.3 | 188.6 | 196 | 190 | 186 |
| 波兰 | 133.2 | 139.2 | 144 | 143 | 137 |
| 哈萨克斯坦 | 110.8 | 115.9 | 116 | 114 | 109 |
| 世界 | 7254.6 | 7659.4 | 7865 | 8231 | 8165 |

**注** 煤炭包括硬煤和褐煤。2012年褐煤产量（Mt）：中国510，德国185，俄罗斯77，澳大利亚71，美国72，波兰64，印度47，土耳其68。

数据来源：BP，BP Statistical Review of World Energy；国家统计局。

附表 1 - 7　　世 界 发 电 量　　TW•h

| 国家（地区） | 2005年 | 2006年 | 2007年 | 2008年 | 2009年 | 2010年 | 2011年 | 2012年 | 2013年 | 2014年 |
|---|---|---|---|---|---|---|---|---|---|---|
| 中国 | 2500.3 | 2869.7 | 3281.6 | 3495.8 | 3714.7 | 4207.2 | 4713.0 | 4937.8 | 5397.6 | 5649.6 |
| 美国 | 4257.4 | 4266.3 | 4365.0 | 4325.4 | 4149.6 | 4325.9 | 4302.9 | 4256.1 | 4267.1 | 4297.3 |
| 日本 | 1153.1 | 1164.3 | 1180.1 | 1183.7 | 1114.0 | 1145.3 | 1104.2 | 1101.5 | 1094.0 | 1061.2 |
| 印度 | 689.6 | 738.7 | 797.9 | 824.5 | 869.8 | 922.2 | 1006.2 | 1053.9 | 1053.9 | 1102.9 |
| 俄罗斯 | 954.1 | 992.1 | 1018.7 | 1040.0 | 993.1 | 1036.8 | 1054.9 | 1066.4 | 1045.0 | 1064.1 |
| 加拿大 | 614.9 | 602.5 | 621.7 | 664.5 | 634.1 | 629.9 | 600.4 | 610.2 | 629.9 | 608.2 |
| 德国 | 620.3 | 636.8 | 637.6 | 637.3 | 593.2 | 621.0 | 608.9 | 617.6 | 606.1 | 614.0 |
| 巴西 | 402.9 | 419.3 | 444.6 | 463.1 | 456.6 | 484.8 | 531.8 | 553.7 | 583.6 | 582.3 |
| 法国 | 575.4 | 574.6 | 569.8 | 574.6 | 542.4 | 573.2 | 564.3 | 560.5 | 553.8 | 555.7 |
| 韩国 | 389.5 | 403.6 | 426.6 | 442.6 | 454.3 | 497.2 | 518.1 | 522.3 | 534.7 | |
| 世界 | 18 311.6 | 19 025.5 | 19 907.8 | 20 342.0 | 20 135.5 | 21 325.1 | 22 050.9 | 22 504.3 | 23 127.0 | 23 867.0 |

数据来源：国家统计局；BP Statistical Review of World Energy。

附表 1-8 中国可再生能源开发利用量

| 类别 | | | 2000 年 | 2005 年 | 2010 年 | 2011 年 | 2012 年 | 2013 年 | 2014 年 |
|---|---|---|---|---|---|---|---|---|---|
| 水电 | 容量（GW） | | 79.4 | 117.4 | 213.4 | 230.5 | 248.9 | 280.0 | 301.8 |
| | 发电量（TW•h） | | 243.1 | 397.0 | 722.2 | 699.0 | 860.9 | 911.6 | 1064.3 |
| 其中：小水电 | 容量（GW） | | 24.8 | 38.5 | 59.0 | 62.1 | 65.0 | 68.0 | 70.0 |
| | 发电量（TW•h） | | 80.0 | 120.9 | 202.3 | 175.7 | 217.3 | 227.3 | 233.7 |
| 生物质能 | 农村沼气（亿 $m^3$） | | 23 | 86 | 145 | 150 | 156 | 158 | 160 |
| | 生物质和垃圾发电 | 容量（GW） | 0.8 | 2.0 | 6.7 | 7.7 | 8.7 | 9.0 | 9.4 |
| | | 发电量（TW•h） | 3.5 | 8.7 | 29.0 | 33.5 | 38.0 | 38.3 | 40.2 |
| | 生物乙醇（Mt） | | — | 1.0 | 1.80 | 1.77 | 1.66 | 1.7 | 2.16 |
| | 生物柴油（Mt） | | — | — | 0.4 | 0.4 | 0.5 | 1.0 | 0.88 |
| 太阳能 | 光伏发电（MW） | | 18 | 70 | 1220 | 3740 | 4920 | 17 450 | 28 050 |
| | 热水器（万 $m^2$） | | 2600 | 8000 | 18 900 | 21 740 | 25 770 | 31 000 | 41 400 |
| 地热利用（Mtce） | | | 0.7 | 1.2 | 6.7 | 7.4 | 9.7 | 14.4 | 17.6 |
| 风力发电 | 容量（GW） | | 0.34 | 1.22 | 44.78 | 62.36 | 75.32 | 91.41 | 114.61 |
| | 发电量（TW•h） | | 0.5 | 2.0 | 72.2 | 100.0 | 124.3 | 159.8 | 200.3 |

**注** 1. 生物质能传统利用是薪柴和秸秆直接燃烧。薪柴和秸秆的平均热值分别为 4000kcal/kg=0.57kgce/kg 和 3500kcal/kg=0.50kgce/kg。

2. 小水电是装机容量小于 50MW 的水电站。

3. 太阳能热水器提供的能源为 120kgce/（$m^2$ • 年）。

数据来源：国家统计局；国家发展改革委；国家能源局；中国电力企业联合会；水利部；农业部；农业部规划设计研究院；清华大学建筑节能研究中心；中国太阳能协会；国土资源部；中国农村能源行业协会太阳能热利用专业委员会。

附表 1-9 世界可再生能源开发利用量

| 类别 | | 2008年 | 2009年 | 2010年 | 2011年 | 2012年 | 2013年 | 2014年 |
|---|---|---|---|---|---|---|---|---|
| 一次能源消费量(Mtce) | | 16 479.7 | 15 599.4 | 17 301.1 | 17 726.1 | 17 980.1 | 18 295.9 | 4260 |
| 可再生能源 | 水电(TW·h) | 3083.1 | 3245.9 | 3441.2 | 3496.7 | 3656.8 | 3765.5 | 1064.3 |
| | 生物质能(Mtce) | 1225 | 1247 | 1334 | 1358 | — | — | 117 |
| | 地热发电(MW) | 10 000 | 10 751 | 11 055 | 11 225 | 114 463 | 12 546 | 3400 |
| | 风力发电(GW) | 120.8 | 158.9 | 197.0 | 238.0 | 282.0 | 318.1 | 114.61 |
| | 光伏电池产量(MW) | 6850 | 9340 | 27.4 | 27.1 | 33.0 | 40.3 | 33.0 |

**注** 生物质能为直接燃烧消费量。

数据来源：BP Statistical Review of World Energy，June 2015；IEA，Coal Information 2014；OECD/IEA，Energy Balances of OECD Countries；OECD/IEA，Energy Balances of Non-OECD Countries；Earth Policy Institute；World Wind Energy Association；World Watch Institute；中国太阳能协会；Solar buzz；Emerging Energy Association。

附表 1-10 世界一次能源消费量及结构（2014年）

| 国家(地区) | 一次能源消费量(Mtoe) | 消费结构(%) | | | | | |
|---|---|---|---|---|---|---|---|
| | | 石油 | 天然气 | 煤 | 核电 | 水电 | 可再生能源 |
| 中国 | 2972.1 | 17.5 | 5.6 | 66.0 | 1.0 | 8.1 | 1.8 |
| 美国 | 2298.7 | 36.4 | 30.2 | 19.7 | 8.3 | 2.6 | 2.8 |
| 俄罗斯 | 681.9 | 21.7 | 54.0 | 12.5 | 6.0 | 5.8 | — |
| 印度 | 637.8 | 28.3 | 7.2 | 56.5 | 1.2 | 4.6 | 2.2 |
| 日本 | 456.1 | 43.2 | 22.2 | 27.7 | — | 4.3 | 2.5 |
| 加拿大 | 332.7 | 31.0 | 28.2 | 6.4 | 7.2 | 25.7 | 1.5 |

续表

| 国家（地区） | 一次能源消费量（Mtoe） | 消费结构（%） | | | | | |
|---|---|---|---|---|---|---|---|
| | | 石油 | 天然气 | 煤 | 核电 | 水电 | 可再生能源 |
| 德国 | 311.0 | 35.9 | 20.5 | 24.9 | 7.1 | 1.5 | 10.2 |
| 巴西 | 296.0 | 48.1 | 12.1 | 5.2 | 1.2 | 28.2 | 5.2 |
| 韩国 | 273.2 | 39.5 | 15.7 | 31.0 | 13.0 | 0.3 | 0.4 |
| 法国 | 237.5 | 32.4 | 13.6 | 3.8 | 41.5 | 6.0 | 2.7 |
| 伊朗 | 252.0 | 37.0 | 60.8 | 0.4 | 0.4 | 1.3 | — |
| 沙特阿拉伯 | 239.5 | 59.3 | 40.7 | — | — | — | — |
| 英国 | 187.9 | 36.9 | 31.9 | 15.7 | 7.7 | 0.7 | 7.0 |
| 墨西哥 | 191.4 | 44.5 | 40.3 | 7.5 | 1.2 | 4.5 | 1.9 |
| 印度尼西亚 | 174.8 | 42.3 | 19.7 | 34.8 | — | 1.9 | 1.3 |
| 意大利 | 148.9 | 38.0 | 34.3 | 9.1 | — | 8.7 | 9.9 |
| 西班牙 | 133.0 | 44.7 | 17.8 | 9.0 | 4.8 | 6.7 | 12.0 |
| 土耳其 | 125.3 | 27.0 | 34.9 | 28.6 | — | 7.3 | 2.2 |
| 南非 | 126.7 | 23.0 | 2.9 | 70.6 | 2.8 | 0.2 | 0.5 |
| 欧盟 | 1611.4 | 36.8 | 21.6 | 16.7 | 12.3 | 5.2 | 7.4 |
| OECD国家 | 5498.8 | 36.9 | 26.1 | 19.1 | 8.2 | 5.7 | 3.9 |
| 世界 | 12 928.4 | 32.6 | 23.7 | 30.0 | 4.4 | 6.8 | 2.5 |

**注** 1. 可再生能源是用于发电的风能、地热、太阳能、生物质和垃圾。

2. 水电和可再生能源按火电站转换效率38%换算热当量。

数据来源：BP Statistical Review of World Energy，June 2015。

**附表1-11　　中国一次能源消费量及结构**

| 年份 | 能源消费总量（万tce） | 构成（能源消费总量为100） | | | |
|---|---|---|---|---|---|
| | | 煤炭 | 石油 | 天然气 | 水电、核电、风电 |
| 1978 | 57 144 | 70.7 | 22.7 | 3.2 | 3.4 |
| 1980 | 60 275 | 72.2 | 20.7 | 3.1 | 4.0 |
| 1985 | 76 682 | 75.8 | 17.1 | 2.2 | 4.9 |

续表

| 年份 | 能源消费总量（万 tce） | 构成（能源消费总量为100） | | | |
|---|---|---|---|---|---|
| | | 煤炭 | 石油 | 天然气 | 水电、核电、风电 |
| 1990 | 98 703 | 76.2 | 16.6 | 2.1 | 5.1 |
| 1991 | 103 783 | 76.1 | 17.1 | 2.0 | 4.8 |
| 1992 | 109 170 | 75.7 | 17.5 | 1.9 | 4.9 |
| 1993 | 115 993 | 74.7 | 18.2 | 1.9 | 5.2 |
| 1994 | 122 737 | 75.0 | 17.4 | 1.9 | 5.7 |
| 1995 | 131 176 | 74.6 | 17.5 | 1.8 | 6.1 |
| 1996 | 135 192 | 73.5 | 18.7 | 1.8 | 6.0 |
| 1997 | 135 909 | 71.4 | 20.4 | 1.8 | 6.4 |
| 1998 | 136 184 | 70.9 | 20.8 | 1.8 | 6.5 |
| 1999 | 140 569 | 70.6 | 21.5 | 2.0 | 5.9 |
| 2000 | 146 946 | 68.5 | 22.0 | 2.2 | 7.3 |
| 2001 | 155 547 | 68.0 | 21.2 | 2.4 | 8.4 |
| 2002 | 169 577 | 68.5 | 21.0 | 2.3 | 8.2 |
| 2003 | 197 083 | 70.2 | 20.1 | 2.3 | 7.4 |
| 2004 | 230 281 | 70.2 | 19.9 | 2.3 | 7.6 |
| 2005 | 261 369 | 72.4 | 17.8 | 2.4 | 7.4 |
| 2006 | 286 467 | 72.4 | 17.5 | 2.7 | 7.4 |
| 2007 | 311 442 | 72.5 | 17.0 | 3.0 | 7.5 |
| 2008 | 320 611 | 71.5 | 16.7 | 3.4 | 8.4 |
| 2009 | 336 126 | 71.6 | 16.4 | 3.5 | 8.5 |
| 2010 | 360 648 | 69.2 | 17.4 | 4.0 | 9.4 |
| 2011 | 387 043 | 70.2 | 16.8 | 4.6 | 8.4 |
| 2012 | 402 138 | 68.5 | 17.0 | 4.8 | 9.7 |
| 2013 | 416 913 | 67.4 | 17.1 | 5.3 | 10.2 |
| 2014 | 426 000 | 66.0 | 17.1 | 5.7 | 11.2 |

数据来源：国家统计局。

附表 1-12　　世界化石燃料消费量

煤炭（Mtoe）

| 国别 | 2010 年 | 2011 年 | 2012 年 | 2013 年 | 2014 年 |
|---|---|---|---|---|---|
| 中国 | 1609.7 | 1760.8 | 1873.3 | 1961.2 | 1962.4 |
| 美国 | 523.9 | 495.5 | 437.8 | 454.6 | 453.4 |
| 印度 | 262.7 | 270.6 | 298.3 | 324.3 | 360.2 |
| 日本 | 123.7 | 117.7 | 124.4 | 128.6 | 126.5 |
| 俄罗斯 | 90.2 | 93.7 | 93.9 | 90.5 | 85.2 |
| 南非 | 90.0 | 89.1 | 89.8 | 88.7 | 89.4 |
| 韩国 | 75.9 | 76.0 | 81.8 | 81.9 | 84.8 |
| 德国 | 76.6 | 76.0 | 79.2 | 81.7 | 77.4 |
| 波兰 | 56.4 | 56.1 | 54.0 | 55.8 | 52.9 |
| 澳大利亚 | 57.6 | 51.7 | 49.3 | 44.9 | 43.8 |
| 世界 | 3532.0 | 3724.3 | 3730.1 | 3867.0 | 3881.8 |

石油（Mt）

| 国别 | 2010 年 | 2011 年 | 2012 年 | 2013 年 | 2014 年 |
|---|---|---|---|---|---|
| 美国 | 847.4 | 837.0 | 819.9 | 832.1 | 836.1 |
| 中国 | 437.7 | 461.8 | 483.7 | 503.5 | 500.3 |
| 日本 | 204.1 | 204.7 | 218.6 | 207.9 | 196.8 |
| 印度 | 155.4 | 163.0 | 171.6 | 175.2 | 180.7 |
| 俄罗斯 | 134.3 | 143.5 | 147.5 | 146.8 | 148.1 |
| 沙特阿拉伯 | 123.5 | 124.4 | 129.7 | 132.4 | 142.0 |
| 巴西 | 118.3 | 122.2 | 125.6 | 135.2 | 142.5 |
| 德国 | 115.4 | 112.0 | 111.5 | 113.4 | 111.5 |

续表

| 石油（Mt） | | | | | |
|---|---|---|---|---|---|
| 国别 | 2010年 | 2011年 | 2012年 | 2013年 | 2014年 |
| 韩国 | 105.0 | 105.8 | 108.8 | 108.3 | 108.0 |
| 加拿大 | 101.3 | 105.0 | 104.3 | 103.5 | 103.0 |
| 墨西哥 | 88.5 | 90.3 | 92.6 | 89.7 | 93.2 |
| 伊朗 | 88.3 | 89.6 | 89.6 | 95.1 | 85.2 |
| 法国 | 84.5 | 83.7 | 80.9 | 79.3 | 76.9 |
| 英国 | 73.5 | 71.1 | 68.5 | 69.3 | 69.3 |
| 新加坡 | | | | 64.7 | 66.2 |
| 西班牙 | | | | 59.5 | 59.0 |
| 世界 | 4038.2 | 4081.4 | 4130.5 | 4179.1 | 4211.1 |

| 天然气（亿 $m^3$） | | | | | |
|---|---|---|---|---|---|
| 国别 | 2010年 | 2011年 | 2012年 | 2013年 | 2014年 |
| 美国 | 6821 | 6909 | 7221 | 7399 | 7594 |
| 俄罗斯 | 4141 | 4246 | 4162 | 4135 | 4092 |
| 中国 | 1069 | 1309 | 1438 | 1676 | 1855 |
| 伊朗 | 1446 | 1539 | 1561 | 1622 | 1702 |
| 日本 | 945 | 1055 | 1167 | 1169 | 1125 |
| 加拿大 | 950 | 1009 | 1007 | 1035 | 1042 |
| 沙特阿拉伯 | 877 | 923 | 993 | 1030 | 1082 |
| 德国 | 833 | 745 | 784 | 837 | 709 |
| 墨西哥 | 725 | 766 | 796 | 827 | 858 |
| 英国 | 992 | 828 | 737 | 731 | 667 |
| 阿联酋 | 608 | 629 | 656 | 683 | 693 |
| 意大利 | 761 | 713 | 687 | 642 | 568 |
| 世界 | 31 763 | 32 324 | 33 144 | 33 810 | 33 930 |

数据来源：BP Statistical Review of World Energy，June 2014。

**附表1-13** 中国能源进出口

| 类别 | | 2000年 | 2005年 | 2006年 | 2007年 | 2008年 | 2009年 | 2010年 | 2011年 | 2012年 | 2013年 | 2014年 |
|---|---|---|---|---|---|---|---|---|---|---|---|---|
| 原油（Mt） | 出口 | 10.44 | 8.07 | 6.34 | 3.83 | 3.73 | 5.18 | 3.04 | 2.52 | 2.44 | 1.62 | 0.60 |
| | 进口 | 70.27 | 127.08 | 145.18 | 163.18 | 178.89 | 203.79 | 239.31 | 253.78 | 271.09 | 282.14 | 308.36 |
| 石油制品（Mt） | 出口 | 10.30 | 16.88 | 15.88 | 18.05 | 20.12 | 27.92 | 30.44 | 30.52 | 28.44 | 32.78 | 12.71 |
| | 进口 | 24.32 | 41.45 | 47.20 | 42.18 | 45.63 | 47.70 | 47.84 | 52.12 | 55.91 | 56.48 | 46.55 |
| 天然气（亿$m^3$） | 出口 | 31.4 | 29.7 | 29.0 | 26.0 | 32.5 | 32.1 | 40.3 | 41.0 | 28.5 | 27.1 | 25.1 |
| | 进口 | — | — | 9.5 | 42.2 | 46.4 | 76.3 | 164.7 | 310.0 | 398.9 | 518.2 | 583.5 |
| 煤炭（Mt） | 出口 | 58.84 | 71.68 | 63.23 | 53.17 | 45.43 | 22.40 | 19.03 | 14.66 | 9.26 | 7.51 | 5.74 |
| | 进口 | 2.02 | 26.17 | 38.25 | 51.02 | 40.40 | 125.83 | 164.78 | 182.40 | 188.51 | 327.08 | 291.22 |

**注** 1990—1995年石油制品进出口未计液化石油气、石蜡、石油焦和石油沥青。

数据来源：海关总署。

**附表1-14 部分国家汽油零售价（2013年3月）**

| 国家 | 零售价（元/L） | 其中：税（元/L） | 税占零售价比重（%） |
|---|---|---|---|
| 中国 | 7.32 | 2.23 | 30.5 |
| 美国 | 6.15 | 0.69 | 11.2 |
| 英国 | 13.12 | 7.67 | 58.5 |
| 德国 | 13.00 | 7.40 | 56.9 |
| 日本 | 10.28 | 4.04 | 39.3 |
| 韩国 | 10.58 | 5.21 | 49.2 |

数据来源：中国石化，2013年6月16日。

**附表1-15 部分国家终端用户天然气价格** 美元/toe

| 国家 | | 2005年 | 2010年 | 2011年 | 2012年 | 2013年 | 2014年 |
|---|---|---|---|---|---|---|---|
| 美国 | 工业 | 361.3 | 230.4 | 219.1 | 165.8 | 198.8 | 232.7 |
| | 民用 | 546.8 | 477.5 | 464.5 | 416.4 | 440.0 | 470.6 |
| 加拿大 | 工业 | 323.4 | 177.9 | 199.1 | 147.4* | 177.3 | 203.7 |
| | 民用 | 467.7 | 478.6 | 479.4 | 631.9* | 436.9 | 646.6 |
| 英国 | 工业 | 332 | 365.3 | 458.9 | 496.8 | 541.3 | 517.6 |
| | 民用 | 502.3 | 291.6 | 869.9 | 951.7 | 977.4 | 1078.1 |
| 德国 | 工业 | — | 666.9 | 753.9 | 829.0 | 747.0 | — |
| | 民用 | — | 1069.7 | 1277.1 | 1284.5 | 1147.5 | — |
| 法国 | 工业 | 366.9 | 538.3 | 665.7 | 660.8 | 669.8 | 635.2 |
| | 民用 | 656.1 | 960.3 | 1121.2 | 1082.4 | 1158.3 | 1155.8 |
| 日本 | 工业 | 446.1 | 705.2 | 908.1 | — | 931.0 | — |
| | 民用 | 1384 | 1836.8 | 2130.6 | — | 1887.9 | — |
| 韩国 | 工业 | 435.9 | 678.1 | 778 | 802.5* | 1016.7 | — |
| | 民用 | 536.5 | 728.3 | 839.7 | 866.8* | 979.5 | — |
| OECD平均 | 工业 | 362.1 | 354.6 | 380.6 | 315.6* | 394.1 | 320.2 |
| | 民用 | 643.6 | 755.6 | 768.5 | 723.7 | 800.8 | 821.0 |

**注** 1toe=1111$m^3$天然气。

* 2014年3季度数据。

数据来源：IEA，Energy Prices and Taxes；国际石油经济，2014年第6期。

**附表 1-16　　部分国家终端用户电价（2013 年）　　美分/（kW·h）**

| 国家 | 工业 | 民用 |
|---|---|---|
| 美国 | 6.8 | 12.1 |
| 日本 | 17.4 | 24.2 |
| 德国 | 16.9 | 38.8 |
| 法国 | 12.6 | 19.1 |
| 英国 | 14.0 | 23.0 |
| 意大利 | 32.2 | 30.6 |
| 加拿大 | 8.8 | 10.5 |
| 瑞典 | 9.0 | 23.4 |

数据来源：IEA，Energy Prices and Taxes。

**附表 1-17　　中国主要污染物排放量**

| 年份 | 二氧化硫（Mt） | 氮氧化物（Mt） | 烟尘（Mt） | 工业粉尘（Mt） | 废水（亿 $m^3$） | 化学需氧量（Mt） |
|---|---|---|---|---|---|---|
| 1995 | 23.70 | — | 17.44 | 17.31 | 415.3 | |
| 2000 | 19.95 | — | 11.65 | 10.92 | 415.2 | 14.45 |
| 2001 | 19.48 | — | 10.70 | 9.91 | 432.9 | 14.05 |
| 2002 | 19.27 | — | 10.13 | 9.41 | 439.5 | 13.67 |
| 2003 | 21.59 | — | 10.48 | 10.21 | 460.0 | 13.34 |
| 2004 | 22.55 | — | 10.95 | 9.05 | 482.4 | 13.39 |
| 2005 | 25.49 | — | 11.82 | 9.11 | 523.0 | 14.14 |
| 2006 | 25.89 | 15.24 | 10.89 | 8.08 | 536.8 | 14.28 |
| 2007 | 24.68 | 16.40 | 9.87 | 6.99 | 556.8 | 13.82 |
| 2008 | 23.21 | 16.25 | 9.02 | 5.85 | 572.0 | 13.21 |
| 2009 | 22.14 | 16.93 | 8.47 | 5.24 | 589.2 | 12.78 |
| 2010 | 21.85 | 18.52 | 8.29 | 4.49 | 617.3 | 12.38 |
| 2011 | 22.18 | 24.04 | 12.79 | | 659.2 | 25.00 |

续表

<table>
<tr><th>年份</th><th>二氧化硫（Mt）</th><th>氮氧化物（Mt）</th><th>烟尘（Mt）</th><th>工业粉尘（Mt）</th><th>废水（亿 $m^3$）</th><th>化学需氧量（Mt）</th></tr>
<tr><td>2012</td><td>21.18</td><td>23.38</td><td colspan="2">12.36</td><td>684.6</td><td>24.24</td></tr>
<tr><td>2013</td><td>20.44</td><td>22.27</td><td colspan="2">12.87</td><td>695.4</td><td>23.53</td></tr>
</table>

数据来源：环境保护部。

**附表1-18　中国能源、电力大气污染物和 $CO_2$ 排放系数（2014年）**

<table>
<tr><td rowspan="12">大气污染物</td><td rowspan="6">能源（kg/tce）</td><td rowspan="2">$SO_2$</td><td>一次能源总消费量</td><td>4.63</td></tr>
<tr><td>化石能源消费量</td><td>5.22</td></tr>
<tr><td rowspan="2">$NO_x$</td><td>一次能源总消费量</td><td>4.88</td></tr>
<tr><td>化石能源消费量</td><td>5.49</td></tr>
<tr><td rowspan="2">烟尘和工业粉尘</td><td>一次能源总消费量</td><td>3.07</td></tr>
<tr><td>化石能源消费量</td><td>3.38</td></tr>
<tr><td rowspan="6">电力［g/(kW·h)］</td><td rowspan="2">$SO_2$</td><td>总发电量</td><td>1.10</td></tr>
<tr><td>火电</td><td>1.46</td></tr>
<tr><td rowspan="2">$NO_x$</td><td>总发电量</td><td>1.10</td></tr>
<tr><td>火电</td><td>1.46</td></tr>
<tr><td rowspan="2">烟尘</td><td>总发电量</td><td>0.17</td></tr>
<tr><td>火电</td><td>0.23</td></tr>
<tr><td rowspan="7">$CO_2$</td><td rowspan="5">能源（t-$CO_2$/tce）</td><td colspan="2">煤炭</td><td>2.71</td></tr>
<tr><td colspan="2">石油</td><td>2.13</td></tr>
<tr><td colspan="2">天然气</td><td>1.65</td></tr>
<tr><td colspan="2">一次能源消费</td><td>2.19</td></tr>
<tr><td colspan="2">化石能源</td><td>2.47</td></tr>
<tr><td rowspan="2">电力［g-$CO_2$/(kW·h)］</td><td colspan="2">总发电量</td><td>556</td></tr>
<tr><td colspan="2">火电</td><td>741</td></tr>
</table>

数据来源：国家统计局；环境保护部；国家发展改革委能源研究所；中国电力企业联合会。

# 附录 2 节能减排政策法规

**附表 2-1 2006—2014 年国家出台的节能减排相关政策**

| 类别 | 文件名称 | 文号 | 发布部门 | 发布时间 | |
|---|---|---|---|---|---|
| 目标责任、总体规划 | 我国国民经济和社会发展“十一五”规划纲要 | 国发〔2006〕29 号 | 全国人大 | 3 月 14 日 | 2006 年 |
| | 关于加强节能工作的决定 | 国发〔2006〕28 号 | 国务院 | 8 月 6 日 | |
| | 关于贯彻《国务院关于加强节能工作的决定》的实施意见 | 建科〔2006〕231 号 | 建设部 | 9 月 15 日 | |
| | 关于交通行业全面贯彻落实《国务院关于加强节能工作的决定》的指导意见 | 交体法发〔2006〕592 号 | 交通部 | 10 月 25 日 | |
| | 我国节能技术政策大纲（2006 年）（修订） | | 国家发展改革委、科技部 | 12 月 2 日 | |
| | 能源发展“十一五”规划 | | 国家发展改革委 | 4 月 10 日 | 2007 年 |
| | 关于进一步加强交通行业节能减排工作的意见 | 交体法发〔2007〕242 号 | 交通部 | 5 月 18 日 | |
| | 关于建立政府强制采购节能产品制度的通知 | 国办发〔2007〕51 号 | 国务院 | 7 月 30 日 | |
| | 关于加快节能减排投资项目环境影响评价审批工作的通知 | 环办〔2007〕111 号 | 环保总局、国家发展改革委 | 8 月 28 日 | |

续表

| 类别 | 文件名称 | 文号 | 发布部门 | 发布时间 | |
|---|---|---|---|---|---|
| 目标责任、总体规划 | 可再生能源中长期发展规划 | 发改能源〔2007〕2174 号 | 国家发展改革委 | 8 月 31 日 | 2007 年 |
| | 中华人民共和国节约能源法（修订） | 主席令〔2007〕77 号 | 全国人大 | 10 月 28 日 | |
| | 可再生能源发展“十一五”规划 | 发改能源〔2008〕610 号 | 国家发展改革委 | 3 月 3 日 | 2008 年 |
| | 公路、水路交通实施《中华人民共和国节约能源法》办法 | 交通运输部令 2008 年第 5 号 | 交通部 | 7 月 16 日 | |
| | 民用建筑节能条例 | 国务院令第 530 号 | 国务院 | 8 月 1 日 | |
| | 公共机构节能条例 | 国务院令第 531 号 | 国务院 | 8 月 1 日 | |
| | 关于贯彻实施《中华人民共和国节约能源法》的通知 | 发改环资〔2008〕2306 号 | 国家发展改革委等部门 | 8 月 25 日 | |
| | 关于印发公路水路交通节能中长期规划纲要的通知 | 交规划发〔2008〕331 号 | 交通部 | 9 月 23 日 | |
| | 关于资源综合利用及其他产品增值税政策的通知 | 财税〔2008〕156 号 | 财政部、税务总局 | 12 月 9 日 | |
| | 关于加强外商投资节能环保统计工作的通知 | 商资函〔2008〕88 号 | 商务部、环境保护部 | 2 月 3 日 | 2009 年 |
| | 国务院办公厅关于印发 2009 年节能减排工作安排的通知 | 国办发〔2009〕48 号 | 国务院 | 7 月 19 日 | |
| | 国家发展和改革委员会关于做好 2010 年电力运行工作的通知 | 发改运行〔2010〕534 号 | 国家发展改革委 | 3 月 19 日 | 2010 年 |

续表

| 类别 | 文件名称 | 文号 | 发布部门 | 发布时间 | |
|---|---|---|---|---|---|
| 目标责任、总体规划 | 关于组织开展资源节约型和环境友好型企业创建工作的通知 | 工信部联节〔2010〕165号 | 工业和信息化部 | 4月8日 | 2010年 |
| | 关于进一步加大工作力度确保实现“十一五”节能减排目标的通知 | 国发〔2010〕12号 | 国务院 | 5月4日 | |
| | 关于发挥试点示范作用为实现“十一五”节能减排目标作贡献的通知 | 发改环资〔2010〕1158号 | 国家发展改革委 | 5月28日 | |
| | 电力需求侧管理办法 | 发改运行〔2010〕2643号 | 国家发展改革委、电监会等六部委 | 11月4日 | |
| | 工业节能“十二五”规划 | 工信部节〔2012〕332号 | 工业和信息化部 | 2月27日 | 2012年 |
| | 节能减排“十二五”规划 | 国发〔2012〕40号 | 国务院 | 8月6日 | |
| | 国务院关于加快发展节能环保产业的意见 | 国发〔2013〕30号 | 国务院 | 8月1日 | 2013年 |
| | 国家发展改革委关于加大工作力度确保实现2013年节能减排目标任务的通知 | 发改环资〔2013〕1585号 | 国家发展改革委 | 8月16日 | |
| | 大气污染防治行动计划 | 国发〔2013〕37号 | 国务院 | 9月10日 | |
| | 住房城乡建设部关于印发《民用建筑能耗和节能信息统计报表制度》的通知 | 建科〔2013〕147号 | 住建部 | 10月17日 | |

续表

| 类别 | 文件名称 | 文号 | 发布部门 | 发布时间 | |
|---|---|---|---|---|---|
| 目标责任、总体规划 | 国家应对气候变化规划（2014—2020） | 发改气候〔2014〕2347号 | 国家发展改革委 | 9月19日 | 2014年 |
| | 煤炭清洁高效利用行动计划（2015—2020年） | | 国家能源局 | 4月27日 | 2015年 |
| 经济激励、财税政策 | 关于印发《可再生能源建筑应用专项资金管理暂行办法》的通知 | 财建〔2006〕460号 | 财政部、建设部 | 9月4日 | 2006年 |
| | 关于印发《中央财政主要污染物减排专项资金项目管理暂行办法》的通知 | 财建〔2007〕112号 | 财政部、环保总局 | 4月17日 | 2007年 |
| | 节能技术改造财政奖励资金管理暂行办法 | 财建〔2007〕371号 | 财政部、国家发展改革委 | 8月10日 | |
| | 关于印发《北方采暖区既有居住建筑供热计量及节能改造奖励资金管理暂行办法》的通知 | 财建〔2007〕957号 | 财政部 | 12月20日 | |
| | 关于印发高效照明产品推广财政补贴资金管理暂行办法的通知 | 财建〔2007〕1027号 | 财政部、国家发展改革委 | 12月28日 | |
| | 高效照明产品推广财政补贴资金管理暂行办法 | 财建〔2007〕1027号 | 财政部、国家发展改革委 | 1月21日 | 2008年 |

续表

| 类别 | 文件名称 | 文号 | 发布部门 | 发布时间 | |
|---|---|---|---|---|---|
| 经济激励、财税政策 | 关于公布节能节水专用设备企业所得税优惠目录（2008 年版）和环境保护专用设备企业所得税优惠目录（2008 年版）的通知 | 财税〔2008〕115 号 | 财政部、税务总局、国家发展改革委 | 8 月 20 日 | 2008 年 |
| | 关于再生资源增值税政策的通知 | 财税〔2008〕157 号 | 财政部、税务总局 | 12 月 9 日 | |
| | 关于印发《太阳能光电建筑应用财政补助资金管理暂行办法》的通知 | 财建〔2009〕129 号 | 财政部 | 3 月 23 日 | 2009 年 |
| | 关于我国清洁发展机制基金及清洁发展机制项目实施企业有关企业所得税政策问题的通知 | 财税〔2009〕30 号 | 财政部、税务总局 | 3 月 23 日 | |
| | 高效节能产品推广财政补助资金管理暂行办法 | 财建〔2009〕213 号 | 财政部 | 5 月 22 日 | |
| | 关于组织申请国家机关办公建筑和大型公共建筑节能监管体系建设补助资金的通知 | 财办建〔2010〕28 号 | 财政部、住房和城乡建设部 | 4 月 8 日 | 2010 年 |
| | 合同能源管理项目财政奖励资金管理暂行办法 | 财建〔2010〕249 号 | 财政部、国家发展改革委 | 6 月 3 日 | |
| | 关于合同能源管理财政奖励资金需求及节能服务公司审核备案有关事项的通知 | 财办建〔2010〕60 号 | 财政部、国家发展改革委 | 6 月 29 日 | |

续表

| 类别 | 文件名称 | 文号 | 发布部门 | 发布时间 | |
|---|---|---|---|---|---|
| 经济激励、财税政策 | 关于财政奖励合同能源管理项目有关事项的补充通知 | 发改办环资〔2010〕2528号 | 国家发展改革委、财政部 | 10月19日 | 2010年 |
| | 关于印发淘汰落后产能中央财政资金管理办法的通知 | 财建〔2011〕180号 | 财政部、工业和信息化部、国家能源局 | 7月16日 | 2011年 |
| | 关于印发节能技术改造奖励资金管理办法的通知 | 财建〔2011〕367号 | 财政部、国家发展改革委 | 10月2日 | |
| | 关于印发《夏热冬冷地区既有居住建筑节能改造补助资金管理暂行办法》的通知 | 财建〔2012〕148号 | 财政部 | 4月9日 | 2012年 |
| | 关于组织申报2013年节能技术改造财政奖励备选项目的通知 | 发改办环资〔2012〕1972号 | 财政部、国家发展改革委 | 7月17日 | |
| | 关于印发循环经济发展专项资金管理暂行办法的通知 | 财建〔2012〕616号 | 财政部、国家发展改革委 | 7月20日 | |
| | 国家发展改革委环资司关于拟下达2013年节能技术改造财政奖励项目实施计划（第一批）的公示 | | 国家发展改革委 | 7月30日 | 2013年 |
| | 关于开展1.6升及以下节能环保汽车推广工作的通知 | 财建〔2013〕644号 | 财政部、国家发展改革委、工业和信息化部 | 9月30日 | |

续表

| 类别 | 文件名称 | 文号 | 发布部门 | 发布时间 | |
|---|---|---|---|---|---|
| 经济激励、财税政策 | 2013 年节能减排财政政策综合示范城市名单公示 | | 财政部、国家发展改革委 | 10 月 18 日 | 2013 年 |
| | “能效之星”产品目录（2013 年）公告 | | 工业和信息化部 | 11 月 28 日 | |
| | 关于运用价格手段促进水泥行业产业结构调整有关事项的通知 | 发改价格〔2014〕880 号 | 国家发展改革委、工业和信息化部、质检总局 | 5 月 5 日 | 2014 年 |
| | 关于实施煤炭资源税改革的通知 | 财税〔2014〕72 号 | 财政部、国税总局 | 10 月 9 日 | |
| | 关于适当调整陆上风电标杆上网电价的通知 | 发改价格〔2014〕3008 号 | 国家发展改革委 | 12 月 31 日 | |
| 重点工程（调整结构） | 关于加强政府机构节约资源工作的通知 | 发改环资〔2006〕284 号 | 国家发展改革委、国管局等五部委 | 2 月 14 日 | 2006 年 |
| | 关于加快电力工业结构调整促进健康有序发展有关工作的通知 | 发改能源〔2006〕661 号 | 国家发展改革委等八部门 | 4 月 18 日 | |
| | 关于印发“十一五”十大重点节能工程实施意见的通知 | 发改环资〔2006〕1457 号 | 国家发展改革委 | 7 月 25 日 | |
| | 关于加快推进产业结构调整遏制高耗能行业再度盲目扩张的紧急通知 | 发改运行〔2007〕933 号 | 国家发展改革委 | 4 月 29 日 | 2007 年 |

续表

| 类别 | 文件名称 | 文号 | 发布部门 | 发布时间 | |
|---|---|---|---|---|---|
| 重点工程（调整结构） | 关于中央和国家机关进一步加强节油节电工作和深入开展全民节能行动具体措施的通知 | 国管办〔2008〕293号 | 国务院机关事务管理局、中共中央直属机关事务管理局 | 9月1日 | 2008年 |
| | 国务院2008年工作要点 | 国发〔2008〕15号 | 国务院 | 3月29日 | |
| | 关于进一步加强节油节电工作的通知 | 国发〔2008〕23号 | 国务院 | 8月1日 | |
| | 关于开展节能与新能源汽车示范推广试点工作的通知 | 财建〔2009〕6号 | 财政部、科技部 | 1月23日 | 2009年 |
| | 关于开展“节能产品惠民工程”的通知 | 财建〔2009〕213号 | 财政部、国家发展改革委 | 5月18日 | |
| | 关于印发《“节能产品惠民工程”高效节能房间空调推广实施细则》的通知 | 财建〔2009〕214号 | 财政部、国家发展改革委 | 5月18日 | |
| | 关于印发《2010年工业节能与综合利用工作要点》的通知 | 工信厅节函〔2010〕188号 | 工业和信息化部 | 3月18日 | 2010年 |
| | 关于印发《“节能产品惠民工程”节能汽车（1.6升及以下乘用车）推广实施细则》的通知 | 财建〔2010〕219号 | 财政部、国家发展改革委、工业和信息化部 | 5月26日 | |

续表

| 类别 | 文件名称 | 文号 | 发布部门 | 发布时间 | |
|---|---|---|---|---|---|
| 重点工程（调整结构） | 关于扩大公共服务领域节能与新能源汽车示范推广有关工作的通知 | 财建〔2010〕227 号 | 财政部、国家发展改革委等 | 5 月 31 日 | 2010 年 |
| | 关于申请组织开展推荐国家重点节能技术工作的通知 | 发改办环资（2013）1311 号 | 国家发展改革委 | 5 月 31 日 | 2013 年 |
| 实施方案（行动计划、实施意见） | 建设节约型交通指导意见 | 交规划发〔2006〕140 号 | 交通部 | 4 月 5 日 | 2006 年 |
| | 关于印发千家企业节能行动实施方案的通知 | 发改环资〔2006〕571 号 | 国家发展改革委等五部门 | 4 月 7 日 | |
| | 国家发展改革委关于完善差别电价政策的意见 | 国办发〔2006〕77 号 | 国务院 | 9 月 17 日 | |
| | “十一五”资源综合利用指导意见 | | 国家发展改革委 | 12 月 24 日 | |
| | 《关于加快关停小火电机组若干意见》的通知 | 国发〔2007〕2 号 | 国务院 | 1 月 20 日 | 2007 年 |
| | 关于坚决贯彻执行差别电价政策禁止自行出台优惠电价的通知 | 发改价格〔2007〕773 号 | 国家发展改革委、电监会 | 4 月 9 日 | |
| | 关于印发节能减排综合性工作方案的通知 | 国发〔2007〕15 号 | 国务院 | 5 月 23 日 | |
| | 关于严格执行公共建筑空调温度控制标准的通知 | 国办发〔2007〕42 号 | 国务院 | 6 月 1 日 | |
| | 关于在交通行业开展节能示范活动的通知 | 交体法发〔2007〕289 号 | 交通部 | 6 月 7 日 | |

续表

| 类别 | 文件名称 | 文号 | 发布部门 | 发布时间 | |
|---|---|---|---|---|---|
| 实施方案（行动计划、实施意见） | 关于《落实国务院节能减排综合性工作方案的通知》的实施方案 | 建科〔2007〕159号 | 建设部 | 6月26日 | 2007年 |
| | 关于改进和加强节能环保领域金融服务工作的指导意见 | 银发〔2007〕215号 | 中国人民银行 | 6月29日 | |
| | 关于印发煤炭工业节能减排工作意见的通知 | 发改能源〔2007〕1456号 | 国家发展改革委、环保总局 | 7月3日 | |
| | 关于落实环保政策法规防范信贷风险的意见 | 环发〔2007〕108号 | 环保总局、中国人民银行 | 7月12日 | |
| | 节能发电调度办法（试行） | 国办发〔2007〕53号 | 国务院 | 8月2日 | |
| | 关于印发节能减排全民行动实施方案的通知 | 发改环资〔2007〕2132号 | 国家发展改革委 | 8月28日 | |
| | 关于进一步贯彻落实差别电价政策有关问题的通知 | 发改价格〔2007〕2655号 | 国家发展改革委、财政部、电监会 | 9月30日 | |
| | 关于加强国家机关办公建筑和大型公共建筑节能管理工作的实施意见 | 建科〔2007〕245号 | 建设部、财政部 | 10月23日 | |
| | 节能减排授信工作指导意见 | 银监发〔2007〕83号 | 中国银监会 | 11月23日 | |
| | 关于调整节能产品政府采购清单的通知 | 财库〔2007〕98号 | 财政部、国家发展改革委 | 12月5日 | |
| | 关于港口节能减排工作的指导意见 | 交水发〔2007〕747号 | 交通部 | 12月20日 | |

续表

| 类别 | 文件名称 | 文号 | 发布部门 | 发布时间 | |
|---|---|---|---|---|---|
| 实施方案（行动计划、实施意见） | 关于推进北方采暖地区既有居住建筑供热计量及节能改造工作的实施意见 | 建科〔2008〕95号 | 建设部、财政部 | 5月21日 | 2008年 |
| | 关于印发《北方采暖地区既有居住建筑供热计量及节能改造技术导则》（试行）的通知 | 建科〔2008〕126号 | 建设部 | 7月10日 | |
| | 关于清理优惠电价有关问题的通知 | 发改价格〔2009〕555号 | 国家发展改革委、电监会、国家能源局 | 2月25日 | 2009年 |
| | 关于2009年全国节能宣传周活动安排意见的通知 | 发改环资〔2009〕989号 | 国家发展改革委等部委 | 4月17日 | |
| | 关于2009年深化经济体制改革工作的意见 | 国发〔2009〕26号 | 国家发展改革委 | 5月19日 | |
| | 关于加快推行合同能源管理促进节能服务产业发展意见的通知 | 国办发〔2010〕25号 | 国务院 | 4月2日 | 2010年 |
| | 关于进一步加强中小企业节能减排工作的指导意见 | 工信部办〔2010〕173号 | 工业和信息化部 | 4月14日 | |
| | 关于清理高耗能企业优惠电价等问题的通知 | 发改价格〔2010〕978号 | 国家发展改革委 | 5月12日 | |
| | 关于2010年全国节能宣传周活动安排意见的通知 | 发改环资〔2010〕989号 | 国家发展改革委等 | 5月12日 | |

续表

| 类别 | 文件名称 | 文号 | 发布部门 | 发布时间 | |
|---|---|---|---|---|---|
| 实施方案（行动计划、实施意见） | 关于印发《节能产品惠民工程高效电机推广实施细则》的通知 | 财建〔2010〕232号 | 财政部、国家发展改革委 | 5月31日 | 2010年 |
| | “十二五”节能减排综合性工作方案 | 国发〔2011〕26号 | 国务院 | 5月1日 | 2011年 |
| | 有序用电管理办法 | 发改运行〔2011〕832号 | 国家发展改革委 | 7月6日 | |
| | 关于居民生活用电试行阶梯电价的指导意见 | 发改价格〔2011〕2617号 | 国家发展改革委 | 12月11日 | |
| | 国家发展改革委环资司关于拟下达2013年节能技术改造财政奖励项目实施计划（第二批）的公示 | | 国家发展改革委 | 12月17日 | 2013年 |
| | 国家能源局关于做好2014年风电并网消纳工作的通知 | 国能新能〔2014〕136号 | 国家能源局 | 3月12日 | 2014年 |
| 监督考核 | 节能减排统计监测及考核实施方案和办法 | 国发〔2007〕36号 | 国务院 | 11月17日 | 2007年 |
| | 关于加强工业固定资产投资项目节能评估和审查工作的通知 | 工信部节〔2010〕135号 | 工业和信息化部 | 3月23日 | 2010年 |
| | 中央企业节能减排监督管理暂行办法 | 国务院令〔2010〕23号 | 国务院 | 3月26日 | |
| | 关于印发电网企业实施电力需求侧管理目标责任考核方案（试行）的通知 | 发改运行〔2011〕2407号 | 国家发展改革委 | 11月9日 | 2011年 |

续表

| 类别 | 文件名称 | 文号 | 发布部门 | 发布时间 | |
|---|---|---|---|---|---|
| 监督考核 | 关于印发万家企业节能目标责任考核实施方案的通知 | 发改办环资〔2012〕1923 号 | 国家发展改革委 | 7 月 26 日 | 2012 年 |
| | 住房城乡建设部办公厅关于开展 2013 年度住房城乡建设领域节能减排监督检查的通知 | | 住房和城乡建设部 | 12 月 3 日 | 2013 年 |
| | 2012 年万家企业节能目标责任考核结果 | 2013 年第 44 号公告 | 国家发展改革委 | 12 月 25 日 | |

**附表 2-2　截至 2015 年我国已颁布的能效标准**

| 序号 | 标准号 | 标 准 名 称 |
|---|---|---|
| 1 | GB 12021.2—2003 | 家用电冰箱电耗限定值及能效等级（第二次修订） |
| 2 | GB 12021.3—2004 | 房间空气调节器能效限定值及能效等级（第二次修订） |
| 3 | GB 12021.4—2004 | 家用电动洗衣机能效限定值及能效等级（修订） |
| 4 | GB 12021.5—1989 | 电熨斗电耗限定值及测试方法 |
| 5 | GB 12021.6—1989 | 自动电饭锅效率、保温电耗限定值及测试方法 |
| 6 | GB 12021.7—2005 | 彩色电视广播接收机电耗限定值及节能评价值（修订） |
| 7 | GB 12021.8—1989 | 收录机能效限定值及测试方法 |
| 8 | GB 12021.9—1989 | 电风扇电耗限定值及测试方法 |
| 9 | GB 17896—1999 | 管形荧光灯镇流器能效限定值及节能评价值 |

续表

| 序号 | 标准号 | 标 准 名 称 |
| --- | --- | --- |
| 10 | GB 18613—2002 | 中小型三相异步电动机能效限定值及节能评价值 |
| 11 | GB 15153—2003 | 容积式空气压缩机能效限定值及节能评价值 |
| 12 | GB 19043—2003 | 普通照明用双端荧光灯能效限定值及能效等级 |
| 13 | GB 19044—2003 | 普通照明用自镇流荧光灯能效限定值及能效等级 |
| 14 | GB 19415—2003 | 单端荧光灯能效限定值及节能评价值 |
| 15 | GB 19573—2004 | 高压钠灯能效限定值及能效等级 |
| 16 | GB 19574—2004 | 高压钠灯用镇流器能效限定值及节能评价值 |
| 17 | GB 19576—2004 | 单元式空气调节机能效限定值及能效等级 |
| 18 | GB 19577—2004 | 冷水机组能效限定值及等效等级 |
| 19 | GB 19761—2005 | 通风机能效限定值及节能评价值 |
| 20 | GB 19762—2005 | 清水离心泵能效限定值及节能评价值 |
| 21 | GB 20052—2006 | 三相配电变压器能效限定值及节能评价值 |
| 22 | GB 20665—2006 | 家用燃气快速热水器和燃气采暖热水炉能效限定值及能效等级 |
| 23 | GB 18613—2006 | 中小型三相异步电动机能效限定值及能效等级 |
| 24 | GB 20053—2006 | 金属卤化物灯用镇流器能效限定值及能效等级 |
| 25 | GB 20054—2006 | 金属卤化物灯能效限定值及能效等级 |
| 26 | GB 20943—2007 | 单路输出方式交流—直流、交流—交流外部电源能效限定值及节能评价值 |
| 27 | GB 19762—2007 | 清水离心泵能效限定值及节能评价值 |
| 28 | GB 21454—2008 | 多联式空气调节（热泵）机组能效限定值及能效等级 |
| 29 | GB 21455—2008 | 转速可控型房间空气调节器能效限定值及能效等级 |
| 30 | GB 21456—2008 | 家用电磁灶能效限定值及能效等级 |
| 31 | GB 21518—2008 | 交流接触器能效限定值及能效等级 |
| 32 | GB 21519—2008 | 储水式电热水器能效限定值及能效等级 |

续表

| 序号 | 标准号 | 标　准　名　称 |
| --- | --- | --- |
| 33 | GB 21520—2008 | 计算机显示器能效限定值及能效等级 |
| 34 | GB 21521—2008 | 复印机能效限定值及能效等级 |
| 35 | GB 12021.6—2008 | 自动电饭锅能效限定值及能效等级 |
| 36 | GB 12021.9—2008 | 交流电风扇能效限定值及能效等级 |
| 37 | GB 24500—2009 | 工业锅炉能效限定值及能效等级 |
| 38 | GB 19761—2009 | 通风机能效限定值及能效等级 |
| 39 | GB 19153—2009 | 容积式空气压缩机能效限定值及能效等级 |
| 40 | GB 12021.3—2010 | 房间空气调节器能效限定值及能效等级 |
| 41 | GB 24849—2010 | 家用和类似用途微波炉能效限定值及能效等级 |
| 42 | GB 24850—2010 | 平板电视能效限定值及能效等级 |
| 43 | GB 12021.4—2013 | 电动洗衣机能效水效限定值及等级 |
| 44 | GB 21455—2013 | 转速可控型房间空调调节器能效限定值及能效等级 |
| 45 | GB 19044—2013 | 普通照明用自镇流荧光灯能效限定值及能效等级 |
| 46 | GB 24850—2013 | 平板电视能效限定值及能效等级 |
| 47 | GB 29539—2013 | 吸油烟机能效限定值及能效等级 |
| 48 | GB 29541—2013 | 热泵热水机（器）能效限值及能效等级 |
| 49 | GB 30531—2014 | 商用燃气灶具能效限定值及能效等级 |
| 50 | GB 21521—2014 | 复印机、打印机和传真机能效限定值及能效等级 |
| 51 | GB 21456—2014 | 家用电磁灶能效限定值及能效等级 |
| 52 | GB 30721—2014 | 水（地）源热泵机组能效限定值及能效等级 |
| 53 | GB 30720—2014 | 家用燃气灶具能效限定值及能效等级 |
| 54 | GB 30978—2014 | 饮水机能效限定值及能效等级 |
| 55 | GB 31276—2014 | 普通照明用卤钨灯能效限定值及节能评价值 |
| 56 | GB/T 31367—2015 | 中低压配电网能效评估导则 |
| 57 | GB 20665—2015 | 家用燃气快速热水器和燃气采暖热水炉能效限定值及能效等级 |

续表

| 序号 | 标准号 | 标 准 名 称 |
|---|---|---|
| 58 | GB 21520—2015 | 计算机显示器能效限定值及能效等级 |
| 59 | GB 32029—2015 | 小型潜水电泵能效限定值及能效等级 |
| 60 | GB 21520—2015 | 计算机显示器能效限定值及能效等级 |
| 61 | GB 12021.2—2015 | 家用电冰箱耗电量限定值及能效等级 |

信息来源：中国国家标准化管理委员会。

**附表2-3 “十二五”主要节能目标**

| 指 标 | | 单位 | 2010年 | 2015年 | 变化幅度/变化率 |
|---|---|---|---|---|---|
| 工业 | 单位工业增加值（规模以上）能耗 | % | | | [-21%左右] |
| | 火电供电煤耗 | gce/（kW·h） | 333 | 325 | -8 |
| | 火电厂厂用电率 | % | 6.33 | 6.2 | -0.13 |
| | 电网综合线损率 | % | 6.53 | 6.3 | -0.23 |
| | 吨钢综合能耗 | kgce | 605 | 580 | -25 |
| | 铝锭综合交流电耗 | kW·h/t | 14 013 | 13 300 | -713 |
| | 铜冶炼综合能耗 | kgce/t | 350 | 300 | -50 |
| | 原油加工综合能耗 | kgce/t | 99 | 86 | -13 |
| | 乙烯综合能耗 | kgce/t | 886 | 857 | -29 |
| | 合成氨综合能耗 | kgce/t | 1402 | 1350 | -52 |
| | 烧碱（离子膜）综合能耗 | kgce/t | 351 | 330 | -21 |
| | 水泥熟料综合能耗 | kgce/t | 115 | 112 | -3 |
| | 平板玻璃综合能耗 | kgce/重量箱 | 17 | 15 | -2 |
| | 纸及纸板综合能耗 | kgce/t | 680 | 530 | -150 |
| | 纸浆综合能耗 | kgce/t | 450 | 370 | -80 |
| | 日用陶瓷综合能耗 | kgce/t | 1190 | 1110 | -80 |

续表

| 指　　标 | | 单位 | 2010年 | 2015年 | 变化幅度/变化率 |
|---|---|---|---|---|---|
| 建筑 | 北方采暖地区既有居住建筑改造面积 | 亿$m^2$ | 1.8 | 5.8 | 4 |
| | 城镇新建绿色建筑标准执行率 | % | 1 | 15 | 14 |
| 交通运输 | 铁路单位运输工作量综合能耗 | tce/（百万换算t·km） | 5.01 | 4.76 | [-5%] |
| | 营运车辆单位运输周转量能耗 | kgce/（百t·km） | 7.9 | 7.5 | [-5%] |
| | 营运船舶单位运输周转量能耗 | kgce/（千t·km） | 6.99 | 6.29 | [-10%] |
| | 民航业单位运输周转量能耗 | kgce/（t·km） | 0.450 | 0.428 | [-5%] |
| 公共机构 | 公共机构单位建筑面积能耗 | kgce/$m^2$ | 23.9 | 21 | [-12%] |
| | 公共机构人均能耗 | kgce/人 | 447.4 | 380 | [15%] |
| 终端用能设备能效 | 燃煤工业锅炉（运行） | % | 65 | 70～75 | 5～10 |
| | 三相异步电动机（设计） | % | 90 | 92～94 | 2～4 |
| | 容积式空气压缩机输入比功率 | kW/（$m^3$/min） | 10.7 | 8.5～9.3 | -1.4～-2.2 |
| | 电力变压器损耗 | kW | 空载：43<br>负载：170 | 空载：30～33<br>负载：151～153 | -10～-13<br>-17～-19 |
| | 汽车（乘用车）平均油耗 | L/百km | 8 | 6.9 | -1.1 |
| | 房间空调器（能效比） | | 3.3 | 3.5～4.5 | 0.2～1.2 |
| | 电冰箱（能效指数） | % | 49 | 40～46 | -3～-9 |
| | 家用燃气热水器（热效率） | % | 87～90 | 93～97 | 3～10 |

**注**　[ ] 内为变化率。

资料来源：《节能减排“十二五”规划》（国发〔2012〕40号）。

**附表2-4　　“十二五”主要减排目标**

| 指　　标 | | 单位 | 2010年 | 2015年 | 变化幅度/变化率 |
|---|---|---|---|---|---|
| 工业 | 工业化学需氧量排放量 | 万t | 355 | 319 | [-10%] |
| | 工业二氧化硫排放量 | 万t | 2073 | 1866 | [-10%] |
| | 工业氨氮排放量 | 万t | 28.5 | 24.2 | [-15%] |
| | 工业氮氧化物排放量 | 万t | 1637 | 1391 | [-15%] |
| | 火电行业二氧化硫排放量 | 万t | 956 | 800 | [-16%] |
| | 火电行业氮氧化物排放量 | 万t | 1055 | 750 | [-29%] |
| | 钢铁行业二氧化硫排放量 | 万t | 248 | 180 | [-27%] |
| | 水泥行业氮氧化物排放量 | 万t | 170 | 150 | [-12%] |
| | 造纸行业化学需氧量排放量 | 万t | 72 | 64.8 | [-10%] |
| | 造纸行业氨氮排放量 | 万t | 2.14 | 1.93 | [-10%] |
| | 纺织印染行业化学需氧量排放量 | 万t | 29.9 | 26.9 | [-10%] |
| | 纺织印染行业氨氮排放量 | 万t | 1.99 | 1.75 | [-12%] |
| 农业 | 农业化学需氧量排放量 | 万t | 1204 | 1108 | [-8%] |
| | 农业氨氮排放量 | 万t | 82.9 | 74.6 | [-10%] |
| 城市 | 城市污水处理率 | % | 77 | 85 | 8 |

**注**　[　]内为变化率。

资料来源：《节能减排“十二五”规划》（国发〔2012〕40号）。

**附表2-5　“十二五”时期中国淘汰落后产能一览表**

| 行业 | 主　要　内　容 | 单位 | 产能 |
|---|---|---|---|
| 电力 | 大电网覆盖范围内，单机容量在10万kW及以下的常规燃煤火电机组，单机容量在5万kW及以下的常规小火电机组，以发电为主的燃油锅炉及发电机组（5万kW及以下）；大电网覆盖范围内，设计寿命期满的单机容量在20万kW及以下的常规燃煤火电机组 | 万kW | 2000 |

续表

| 行业 | 主要内容 | 单位 | 产能 |
| --- | --- | --- | --- |
| 炼铁 | $400m^3$ 及以下炼铁高炉等 | 万 t | 4800 |
| 炼钢 | 30t 及以下转炉、电炉等 | 万 t | 4800 |
| 铁合金 | 6300kV·A 以下铁合金矿热电炉，3000kV·A 以下铁合金半封闭直流电炉、铁合金精炼电炉等 | 万 t | 740 |
| 电石 | 单台炉容量小于 12 500kV·A 电石炉及开放式电石炉 | 万 t | 380 |
| 铜（含再生铜）冶炼 | 鼓风炉、电炉、反射炉炼铜工艺及设备等 | 万 t | 80 |
| 电解铝 | 100kA 及以下预焙槽等 | 万 t | 90 |
| 铅（含再生铅）冶炼 | 采用烧结锅、烧结盘、简易高炉等落后方式炼铅工艺及设备，未配套建设制酸及尾气吸收系统的烧结机炼铅工艺等 | 万 t | 130 |
| 锌（含再生锌）冶炼 | 采用马弗炉、马槽炉、横罐、小竖罐等进行焙烧、简易冷凝设施进行收尘等落后方式炼锌或生产氧化锌工艺装备等 | 万 t | 65 |
| 焦炭 | 土法炼焦（含改良焦炉），单炉产能 7.5 万 t/年以下的半焦（兰炭）生产装置，炭化室高度小于 4.3m 焦炉（3.8m 及以上捣固焦炉除外） | 万 t | 4200 |
| 水泥（含熟料及磨机） | 立窑，干法中空窑，直径 3m 以下水泥粉磨设备等 | 万 t | 37 000 |
| 平板玻璃 | 平拉工艺平板玻璃生产线（含格法） | 万重量箱 | 9000 |
| 造纸 | 无碱回收的碱法（硫酸盐法）制浆生产线，单条产能小于 3.4 万 t 的非木浆生产线，单条产能小于 1 万 t 的废纸浆生产线，年生产能力 5.1 万 t 以下的化学木浆生产线等 | 万 t | 1500 |

续表

| 行业 | 主 要 内 容 | 单位 | 产能 |
| --- | --- | --- | --- |
| 化纤 | 2万t/年及以下黏胶常规短纤维生产线，湿法氨纶工艺生产线，二甲基酰胺溶剂法氨纶及腈纶工艺生产线，硝酸法腈纶常规纤维生产线等 | 万t | 59 |
| 印染 | 未经改造的74型染整生产线，使用年限超过15年的国产和使用年限超过20年的进口前处理设备、拉幅和定形设备、圆网和平网印花机、连续染色机，使用年限超过15年的浴比大于1∶10的棉及化纤间歇式染色设备等 | 亿m | 55.8 |
| 制革 | 年加工生皮能力5万标张牛皮、年加工蓝湿皮能力3万标张牛皮以下的制革生产线 | 万标张 | 1100 |
| 酒精 | 3万t/年以下酒精生产线（废糖蜜制酒精除外） | 万t | 100 |
| 味精 | 3万t/年以下味精生产线 | 万t | 18.2 |
| 柠檬酸 | 2万t/年及以下柠檬酸生产线 | 万t | 4.75 |
| 铅蓄电池（含极板及组装） | 开口式普通铅蓄电池生产线，含镉高于0.002%的铅蓄电池生产线，20万kV·A·h/年规模以下的铅蓄电池生产线 | 万kV·A·h | 746 |
| 白炽灯 | 60W以上普通照明用白炽灯 | 亿只 | 6 |

资料来源：《节能减排“十二五”规划》（国发〔2012〕40号）。

附表 2-6 “十二五”交通运输发展主要目标

| 项目 | 指标 | 2010 年 | 2015 年 |
|---|---|---|---|
| 基础设施 | 公路网总里程（万 km） | 398.4 | 450 |
| | 高速公路总里程（万 km） | 7.4 | 10.8 |
| | 高速公路覆盖 20 万以上城镇人口城市比例（%） | 80 | ≥90 |
| | 二级及以上公路总里程（万 km） | 44.5 | 65 |
| | 国省道总体技术状况（MQI，%） | 72 | >80 |
| | 农村公路总里程（万 km） | 345.5 | 390 |
| | 沿海港口通过能力适应度 | 0.98 | 1.1 |
| | 沿海港口深水泊位数（个） | 1774 | 2214 |
| | 内河高等级航道里程（万 km） | 1.02 | 1.3 |
| | 民用机场总数（个） | 175 | ≥230 |
| | 邮政局所数量（万个） | 4.8 | 6.2 |
| 运输服务 | 营运中高级客车比例（%） | 28 | 40 |
| | 营运重型车、专用车、厢式车比例（%） | 17.9、5.4、19.2 | 25、10、25 |
| | 内河货运船舶船型标准化率（%） | 20 | 50 |
| | 乡镇、建制村通班车率（%） | 98、88 | 100、92 |
| | 国道平均运行速度（km/h） | 57.5 | 60 |
| | 沿海主要港口平均每装卸千吨货在港停时下降率（%，基年：2010 年） | 15 | |
| | 民航航班正常率（%） | 81.5 | >80 |
| | 乡（镇）邮政局所、建制村村邮站和邮件转接点覆盖率（%） | 75、51 | >95、80 |
| | 300 万人口以上、100 万～300 万人口以及 100 万人口以下的城市，公交车辆拥有率（标台/万人） | — | 15、12、10 |

续表

<table>
<tr><th>项目</th><th>指　　标</th><th>2010年</th><th>2015年</th></tr>
<tr><td rowspan="3">科技与信息化</td><td>科技进步贡献率（%）</td><td>50</td><td>55</td></tr>
<tr><td>国省道重要路段和内河干线航道重要航段监测覆盖率（%）</td><td>30</td><td>≥70</td></tr>
<tr><td>重点营业性运输装备监测覆盖率（%）</td><td>70</td><td>100</td></tr>
<tr><td rowspan="6">绿色交通</td><td>营运车辆单位运输周转量能耗和二氧化碳排放下降率（%，基年：2005年）</td><td colspan="2">10、11</td></tr>
<tr><td>营运船舶单位运输周转量能耗和二氧化碳排放下降率（%，基年：2005年）</td><td colspan="2">15、16</td></tr>
<tr><td>民航运输吨千米能耗和二氧化碳排放下降率（%，基年：2010年）</td><td colspan="2">>3</td></tr>
<tr><td>国省道单位行驶量用地面积下降率（%，基年：2010年）</td><td colspan="2">5</td></tr>
<tr><td>沿海港口单位长度码头岸线通过能力提高率（%，基年：2010年）</td><td colspan="2">5</td></tr>
<tr><td>总悬浮颗粒物（TSP）和化学需氧量（COD）等主要污染物排放强度［t/（亿t·km）］下降率（%，基年：2010年）</td><td colspan="2">20</td></tr>
<tr><td rowspan="5">安全应急</td><td>营运车辆万车千米事故数和死亡人数下降率(年均,%)</td><td colspan="2">3</td></tr>
<tr><td>城市客运百万车千米事故数和死亡人数下降率(年均,%)</td><td colspan="2">1</td></tr>
<tr><td>百万吨港口吞吐量事故数和死亡人数下降率(年均,%)</td><td colspan="2">5</td></tr>
<tr><td>沿海重点水域监管救助飞机应急到达时间(min)</td><td>≤150</td><td>≤90</td></tr>
<tr><td>民航运输飞行百万小时重大事故率（5年累计）</td><td>0.05</td><td><0.2</td></tr>
</table>

# 附录3 技术名词及术语释义

**循环流化床锅炉 circulating fluidized bed boiler, CFBB**

CFBB是把煤和吸附剂（石灰石）加入燃烧室的床层中，从炉底鼓风使床层悬浮，进行流化燃烧；流化形成湍流混合条件，从而提高燃烧效率；石灰石固硫减少 $SO_2$ 排放；较低的燃烧温度（830～900℃）使 $NO_x$ 生成量大大减少；高速空气夹带固体颗粒进入并返回燃烧器，进行辅助燃烧，促使煤粒沸腾燃尽。与采用煤粉炉和烟道气净化装置的电站相比，$SO_2$ 和 $NO_x$ 可减少50%，无需烟气脱硫装置。与常规层燃锅炉相比，可节煤10%。

**分布式能源 distributed energy**

在靠近用户的地方安装小型发电机组（通常几千瓦到几万千瓦）、向一定区域内的用户提供电、热（热水或蒸汽）和冷能（冷水或冷风）的能源系统。

与常规的集中供电电站相比，分散发电具有以下优势：没有或很少输配电损耗；无需建设变电站和配电站，可避免输配电成本；可根据热或电的需求进行调节，从而增加年设备利用小时数；土建和安装成本低；各电站相互独立，用户可自行控制，不会发生大规模供电事故，供电的可靠性高；可进行遥控和监测区域电力质量和性能；非常适合为乡村、牧区、山区、发展中区域及商业区和居民区提供电力；联产效率高，可减少 $CO_2$ 和大气污染物排放，可再生能源发电没有或很少 $CO_2$ 和大气污染物排放。

**薄膜光伏电池 thin film photovoltaic cell**

用非晶硅、硫化镉、砷化镓、铜铟硒（CIS）等薄膜为基本材料制成的光伏电池。制造工艺有辉光放电、化学气相沉积、溅射、真空蒸镀等。薄膜光伏电池用塑胶、玻璃等物料为基板，若用塑胶为基板，电池柔软，可折叠。薄膜光伏电池可节省材料，成本较低，用途广泛。用于建筑，便于与屋顶或外墙融为一体。

**海上风力发电　off-shore wind power generation**

在海上建造风力机发电。海上风力机要经受盐雾腐蚀，海浪、潮流冲击，解决海底承载、抗拔、防水平位移等技术问题；海上风电成本比陆上高得多。

**快中子增值反应堆　fast breeder reactor，FBR**

直接利用核裂变释放出的高能量、高速度的中子进行链式裂变反应的装置。一般采用液态金属钠做冷却剂，不用慢化剂。在 FBR 中，新产生的裂变燃料多于消耗的燃料，铀 235 或铀 238 吸收中子后变成钚 239。钚 239 在中子轰击下裂变后放出的中子多，除维持链式裂变反应外，还可使铀 238 变成钚 239。每消耗 10 个铀 235 或钚 239 原子核，可产生 12～16 个钚 239 原子核，其中 10 个维持裂变反应，2～6 个则是净增加核燃料。这种核燃料越烧越多的过程，称为核燃料的增殖。FBR 可使铀资源利用率从压水堆的不到 1%提高到 60%以上，而且采用中间钠回路将放射性钠与冷却水回路隔开，安全性高。

**特高压输电　ultra-high voltage（UHV）transmission line**

按照我国的电网电压标准，交流标准电压 1000kV（设备最高电压 1100kV）、直流额定电压±800kV 称为特高压。特高压长距离、大容量输电，可减少线路损失。1000kV 交流输送功率可达 4～5GW，为 500kV 输送功率的 4～5 倍，理论线路损耗仅为 500kV 的 1/4。

**智能电网　smart grid**

美国科学家在 2003 年美国、加拿大大停电事故后提出“智能电网”新概念。智能电网是信息技术与电力工业的融合，是 21 世纪新的能源技术革命的标志。在智能电网中，电力交易和使用在互联网上进行，每台发电、变电设备以及终端用电设备和器具都有电子芯片，利用先进的通信、信息和控制技术，实现电网的信息化、数字化、自动化和互动化，从而大大提高电网资源优化配置能力，提高供电可靠性，确保大电网的安全稳定运行，改善电能质量，解决可再生能源电力的接入问题。在电网发生大的扰动或故障时，电网能自我愈合，能有效防止大停电事故。居民用户可自动选择最低电价用电，电网对需求侧进行精细管理，从而更加节省电力，提高终端用电效率。

**高效电动机　high efficiency motor**

是指比通用标准性电动机具有更高效的电动机。高效电动机从设计、材料和工艺上采取措施，如采用合理的定转子槽数、风扇参数和正弦组等措施，降低损耗；用冷轧硅钢片代替热轧硅钢片；与变频器集成的变频电动机；高启动转矩永磁电动机等。

**先进选煤技术　advanced coal preparation technology**

主要是重介质选煤技术。重介质选煤是利用磁铁矿粉等配制的重介质悬浮液（其密度介于煤和矸石之间）将煤与矸石等杂质分开。这种选煤工艺分选效率高，对煤质的适应性强，操作方便，易自控。

**水平钻井　horizontal drilling**

应用定向钻井技术，在地面向下钻到一定深度时，采用挠性钻具和定向装置逐渐拐弯，进入油气层或煤层，沿水平方向钻进。水平钻井可以扩大油气层和煤层的暴露面积，是提高油田采收率、开采页岩气和煤层气，以及进行煤炭地下气化实现的一项关键技术。

**三次采油　tertiary recovery**

二次采油后从油田进一步采出剩余储量的方法。目前三次采油的主要方法是往油层中注入聚合物增黏剂以改善地下油水流度比；在注入水中加表面活性剂，减少油水界面张力；往油层中注入某些溶剂

（如液化石油气或二氧化碳）以溶解和稀释剩余油改善其流动性；注入高温高压水蒸气降低原油黏度等。

**智能油田 intellectual oil field**

智能油田是应用信息技术实现数字化、智能化的油田。它全面感知油田动态，预测变化趋势，自动操控油田活动，持续优化油田管理与决策，促使油田企业提高新增储量、产量和采收率，更加安全和环保。

**煤层气开采 coal bed methane mining**

煤层气是一种以吸附或游离状态赋存在煤层中的非常规天然气，其甲烷含量超过90%。它既是洁净能源，又是一种温室气体，而且煤矿井下泄出的甲烷有爆炸危险，是煤矿安全生产的一大隐患。煤层气在井下钻孔或地面钻井抽采。

**页岩气开采 shale gas mining**

将页岩气从地层采出到地面的工艺过程。通常在探明的气田钻井，并诱导气流，使页岩气靠地层压力由井内自喷至井口。页岩气是一种非常规天然气，赋存在泥页岩中，以吸附和游离状态存在。

**干熄焦 coke dry quenching，CDQ**

在密闭的装置内，用惰性气体氮气作热载体熄灭红焦，利用高温氮气的热能生产蒸汽供发电的装置。干熄焦装置一般由熄焦槽、余热锅炉、发电设备、提升设备、带式输送机、氮气循环系统和除尘系统组成，整个工艺系统可分为物料流程、氮气循环和蒸汽热力循环三个部分。每熄1t红焦约需循环氮气1500m$^3$（标况），焦炭一般冷却到250℃以下。与湿法熄焦相比，干熄焦可以回收利用红焦的物理显热，每吨焦可回收蒸汽500～600kg。处理1t红焦可节能40kgce，同时大幅减少熄焦水等污染物的排放量，并可提高焦炭质量。

**连续铸锭 continuous casting**

钢液通过连铸机直接铸成钢坯的生产过程。连续铸造具有如下优点：①简化了生产工艺。省去模铸、初轧和开坯工序，不仅降低了能耗，还缩短了钢液成坯的时间。②金属收得率由模铸的84%～88%提高到95%～96%。③节约能源。生产1t连铸坯比模铸—初轧成坯节能30kgce，再加上提高成材率节约的能源，吨材综合能耗可下降100～110kgce。④改善了劳动条件，易于实现自动化。⑤铸坯质量好。由于连铸冷却速度快，连续拉坯、浇注条件可控、稳定，因此铸坯内部组织均匀、致密，偏析少。

**高炉煤气顶压透平 top gas pressure recovery turbine，TRT**

利用高炉顶部煤气压力发电的装置。高炉煤气的热值一般为3350kJ/$m^3$（标况），通常只用做燃料，顶部压力没有得到利用，通过减压阀减压后输入管网。高炉煤气顶压发电，是先将具有一定压力（$9.8\times10^4$Pa以上）的高炉煤气通过膨胀透平发电机发电，然后再利用它的热能。干法TRT吨铁发电量可达35～40kW·h。为了保持高炉生产的稳定性，膨胀透平具有良好的调节性能，在高炉临时停送煤气时，它可以自动转入发电机运行。煤气进入透平前，要经过多级除尘，使含尘量小于5mg/$m^3$（标况），以减轻对透平的磨损和防止堵塞。

**烧结余热发电 sintering waste heat generation**

利用钢铁生产烧结工序的余热发电。烧结是将贫铁矿石经选矿得到的铁精矿石或富铁矿石、在破碎筛分过程中产生的矿粉、生产过程中回收的含铁粉料、熔剂及燃料等按一定比例混合，加水制成颗粒状的混合料，平铺在烧结机上，点火、吹风烧结成块。烧结把不能直接加入高炉的铁矿石入炉炼铁，并改善原料的冶炼性能。烧结工序能耗仅次于炼铁，占钢铁企业总能耗的9%～12%。烧结余热发电是将烧结机烟气经净化后，通过余热锅炉或热管装置产生蒸汽，驱动汽轮机发电。每吨烧结矿产生的烟气余热可发电 20kW·h，吨钢综合能耗可降低 8kgce。

**大容量预焙槽制电解铝 large capacity preroaster for electrolytic aluminium**

一种高效电解铝工艺。在铝的生产中，从采矿、选矿、氧化铝冶炼、铝电解到铝材加工，电解铝是耗能最大的工序。铝电解是使直流电通过以氧化铝为原料、冰晶石为熔剂组成的电介质，在 950～970℃温度下使电介质溶液中的氧化铝分解为铝和氧；在阴极上析出的铝液汇集在电解槽底部，阳极上析出二氧化碳和一氧化碳；铝液经净化后铸成铝锭。预焙槽是阳极槽，阴极置于电解槽中。大容量预焙槽通常是指电流强度超过 140kA 的预焙槽。300kA 的大型预焙槽与 60kA 自焙槽相比，吨铝电耗可降低 2000kW·h 以上。

**纯余热发电技术 net waste heat generation**

利用新型干法水泥窑余热发电的技术。窑头、窑尾分别加设余热锅炉回收余热。回收窑头、窑尾余热时，优先满足生产工艺要求，在确保煤磨和原料磨物料烘干所需热量后，剩余的余热通过余热锅炉回收生产蒸汽。一般窑尾余热锅炉直接产生过热蒸汽提供给汽轮机发电，窑头锅炉若带回热系统的可直接生产过热蒸汽，若不带回热系统则生产部分饱和蒸汽和过热水送至窑尾锅炉。日产 2000t 新型干法水泥窑纯余热发电系统可装机 3000kW，年发电量约 1620 万 kW·h。

**水泥散装 cement unpackaged**

水泥散装是指水泥在工厂生产出来后，直接用专用车辆运到施工现场。1 亿 t 水泥散装，可少用 20 亿只包装纸袋，节省制造纸袋的优质木材 330$m^3$，以及生产纸袋用纸消耗的水 1.2 亿 $m^3$、煤 80 万 t，还可避免纸袋破损和残留造成的水泥损耗 500 万 t，总共节能 237

万 tce。

**第二代新干法水泥生产技术 second generation new dry technique for cement production**

新干法水泥生产工艺亦称水泥窑外窑分解窑。带分解窑的悬浮热窑，是 20 世纪 70 年代发展起来的水泥生产新工艺。这种新工艺是将原在回转窑中进行的干燥、预热过程改为在悬浮预热器中进行，将物料的分解反应移到回转窑以外的分解炉中进行，窑内只有消耗热量少的反应过程，从而大大减轻了窑的热负荷。分解炉装在窑尾，并有流化床燃烧器，改变了窑内火焰与料层表面接触的低效加热，实现能量的分级利用。水泥窑外分解窑与同样直径的湿法窑相比，热耗可降低一半左右，还能大幅提高产量。

第二代新干法工艺是高固化比悬浮预热分解技术。高固气比悬浮预热系统，高温烟气从并联并行排列的旋风预热器自下而上流出，物料自上而下在预热器中交叉串行，固气比由传统预热分解的不到 1.0 提高到 2.0 以上，从而大幅提高系统热效率，增加产量，降低废气温度和排放量。高固气比分解炉，采用炉外循环技术，延长物料在炉内停留时间，从而提高物料分解率，外循环使未分解完全的粗颗粒返回并多次通过分解炉，大大增加了炉内固气比，并降低操作温度，避免结皮、堵塞现象，提高可靠性。与普通干法生产技术相比，第二代新干法工艺过程简单，投资省，热稳定性好，产量高，节能，有害气体排放少。产品热耗降低 15%，电耗降低 22%，日产量增加 44%，$SO_2$ 排放量减少 78%。

**新型墙体材料 new type wall materials**

新型墙体材料是指用来替代传统黏土实心砖的墙体材料。新型墙体材料有三大类 20 多种。包括烧结空心制品，如空心砖、加气混凝土、混凝土砌块等；利用工业废渣（煤矸石、粉煤灰、各种废渣）和江、河、湖淤泥（砂）为主要原料的烧结制品；轻质墙板，如聚苯乙烯泡沫塑料板、岩棉板、玻璃棉板、石膏板等。新型墙体材料与黏土实心砖相比，具有重量轻、性能好、能耗低、施工快等优点，而且可避免取土毁田。生产新型墙体材料的能耗比黏土实心砖低40%；用于建筑，采暖能耗减少30%以上。

**超高性能混凝土 ultra high performance concrete**

性能远远超过普通混凝土的混凝土。它用钢纤维增强而不用钢筋。与普通混凝土相比，其抗压强度高6～8倍，抗折强度高10倍，耐火性高100倍，并具有良好的隔热性能，在保证一定强度的条件下，可以做得非常薄，可像雕塑一样做成各种颜色和形状。用C110-137超高性能混凝土替代我国建造高层建筑常用的C40-60混凝土，可节省水泥30%～70%，钢材15%～25%。这种混凝土是法国拉法基公司专利产品。

**先进制砖技术 advanced brick production technique**

高效率、多功能、自动化、节能环保的制砖技术。我国已生产年产6000万块标准砖的大型自动化制砖设备。液压振动成型，使砖或砌块密实度均匀，强度高。自主研制生产的750mm大型真空挤出机已投产。大型制砖机可生产普通砖、多孔砖、空心砌块等多种产品。可利用煤矸石、粉煤灰、炉渣等为主要原料，生产免烧砖，无需烧结，常温养护即可。

**低发射率玻璃 low-E membrane plating glass**

在玻璃上镀一层或多层由银、铜、锡等金属或其化合物组成的薄膜，这种玻璃对可见光有较高的透射率，能反射80%以上室内物体辐射的红外线，使其保留在室内，具有良好的阻隔热辐射的保温性能，同时能反射太阳辐射热，并避免反射光污染。

**陶瓷砖减薄 ceramic tile thickness reduction**

普通陶瓷砖厚度9～12mm。近年我国被淘汰的陶瓷工业90%以上是因节能减排问题被关停的。陶瓷减薄是节能减排的重要举措。2015年，将在全国范围内推广薄陶瓷砖，厚度为4.7mm。全行业一年可节煤500万～600万t，节省原料2000万t。2014年，我国陶瓷砖产量达102.3亿$m^2$。

**离子膜法制烧碱技术　caustic soda production technique by ion exchange membrane**

离子膜法制烧碱技术是用离子交换膜、电解质溶液制造高纯度烧碱、氯气和氢气的工艺。原盐经水化、精制后进入电解槽阳极室，利用阳极室和阴极室之间的离子膜有选择地让一定离子通过，得到高纯度碱，并产出氯气和氢气。离子交换膜具有排斥阴离子而吸引阳离子的特性。电解时，阳极室中带正电荷的钠离子通过离子膜进入阴极室，与阴极室中由纯水离解生成的带负电荷的$OH^-$结合成NaOH，即烧碱；同时，从阴极放出氢气，从阳极放出氯气。离子膜法制碱与隔膜法相比，综合能耗可降低28%；设备效率高、占地少，单位投资可减少25%；生产稳定；无污染。

**石油化工高效催化剂　high efficiency catalyst for petrochemical industry**

催化剂又称触媒，是一种能改变反应速度而不改变反应的吉布斯（吸收单位，以单位面积克分子数表示的表面浓度）自由焓变化的物质。催化剂是石化行业聚合工艺的核心技术。它可使化学反应在较低温度和压力下进行，减少能耗，从而使反应加速；还可提高选择性，减少副产物，提高产品纯度。目前在生产中应用的高效催化剂主要有：第4代钛基Z/N催化剂，用于聚乙烯生产；改性铬基催化剂，用于高密度聚乙烯生产；茂金属单中心催化剂，是新一代高效聚烯烃催化剂，它对乙烯的聚合催化活性比高效Z/N催化剂高2个数量级，主要用于聚乙烯生产。聚乙烯主要用于包装膜、电线电缆、耐用品、汽车用品以及泡沫材料、黏合剂和涂料等，它特别适用于合成纤维和薄膜的生产，可催化聚合用作工程塑料原料的间规聚苯乙烯、聚丙烯等。合成甲醇采用铜基催化剂，压缩机电耗降低60%。正研究开发的主要是非茂金属单中心高效催化剂，一种是镍钯基新催化剂，它比低金属催化剂的适应范围广，而且生产能耗更低；另一种是高活性铁基和钴基新催化剂，不仅适用范围比低金属催化剂广，活性高，而且耐用，生产成本低。

**炼油化工一体化　refining-chemical integration**

在一个企业内同时进行炼油和化工生产，充分体现循环经济理念。这种模式的特点是集约化，短流程，安全环保。各种生产装置通过管道连接，不用储罐和车辆；原料互供，综合利用水平高；所用燃料全部是经脱硫净化的气体燃料；充分利用余热。因此，原料和能源利用率高，污染物排放少。

**再生铜　regenerated copper**

利用回收的废铜生产的铜。与生产原生铜相比，再生铜可以节约能源，减少污染物排放。纯净的废铜可在感应电炉中熔炼；混杂的废铜的再生，采用反射熔炼炉—电解精炼工艺。再生铜单位能耗为原生铜的55%（原生铜包括矿石开采、选矿和冶炼）。生产1万t再生铜，可节水730$m^3$，减排$CO_2$ 1400t，减排固体废物420t。

**再生铝　regenerated aluminum**

回收废旧铝加工生产的铝。我国废杂铝再生利用技术，是以单室反射炉熔炼技术为主。生产再生铝的单位能耗仅为原生铝的3.7%（原生铝能耗包括矿石开采、选矿、冶炼）。再生铝主要用于汽车、摩托车、农用机械制造和铝型材加工等。

**智能制造　intellicent manufacturing**

制造业与信息通信技术的深度融合，工业机器人与物联网、人工智能、云计算、大数据等新技术相结合，实现生产率高、生产线和生产组织的智能化。应用智能制造的企业，生产效率可提高20%，生产线率下降20%，能源消耗和污染物排放减少10%。

**地源热泵　ground source heat pumps**

热泵是以消耗一部分高质能（机械能、电能、热能等）为补偿，使热量从低温热源向高温热源传递的装置。由于热泵能将低温位热能转换成高温位热能，提高能源的有效利用率，因而是回收低温余热以及利用环境介质（地下水、地表水、土壤、室外空气等）中依存的能量的重要途径。目前已在采暖、空调、蒸馏、蒸发、干燥等方面得到应用。热泵按其消耗能量的形式可分为压缩式热泵和吸收式热泵。压缩式热泵是利用某种冷媒（如氟利昂、氨或水）在低压下吸热蒸发，然后通过压缩机升压冷凝放热的装置；吸收式热泵是采用吸收器、发生器和溶液泵替代压缩式热泵中的压缩机进行升压的一种热泵。

**高效房间空调器　high efficiency room air-conditioners**

比通用标准型空调器具有更高效率的节能空调器。高效空调器采用匹配合理、能耗低的压缩机、变频压缩机、冷凝器、蒸发器以及高效风扇电动机，采用过热控制技术（电子膨胀阀）调节制冷剂流量，模糊控制。变频空调比定速空调节能30%左右。

**农村沼气　rural biogas**

沼气是生物质（主要是人、畜粪便，以及农业和工业有机废弃物），在厌氧条件下通过微生物分解而成的一种可燃气体，含甲烷60%～70%，热值约5500kcal/$m^3$。

**先进民用固体燃料炉灶　advanced domestic solid fuel fired stove and cooking stove**

燃用煤和生物质能及其制品的高效率、低排放、可调节、多用途的家用炉灶。先进民用柴炉，燃用经过加工的型柴，热效率达70%以上，可自动控制，烟气催化净化。先进燃煤炉灶应用热工、燃烧和自动控制新技术，采用二次供风方式，使燃料充分燃烧，热效率高，不冒烟。煤炉内还设有小锅炉，提供热水，并通过暖气片供几个房间取暖。新型燃煤炉的热效率都在65%以上，带小锅炉的可达75%以上。多用途煤灶，外形类似燃气灶，有炉盘和烤箱，内置锅炉，通过水箱供热水或供暖。我国曾引进英国先进煤炉。

**紧凑型荧光灯 compact fluorescent lamps，CFL**

俗称节能灯。是一种新型高效电光源产品，发光效率60～80lm/W，寿命6000～8000h。与普通白炽灯相比，发光效率高5～7倍，节电70%～75%，寿命长8～10倍。由于光效高、显色性好、体积小巧、结构紧凑、使用方便，是替代白炽灯的理想电光源。

CFL是一种低压汞蒸气放电灯。灯管以专用玻璃管制成，两端是灯丝，灯丝上涂有发射电子的电子粉，灯管内充有少量汞及惰性气体，管壁涂有稀土三基色荧光粉（以钇、镓、铟等稀土元素为原料制成的发光材料，红、绿、蓝三基色荧光粉能发出色温2700～7300K的白光），灯管与镇流器合为一体，不用启辉器。产品有U、D、螺旋、球、环等形状，配电子或电感镇流器。其发光原理与荧光灯基本相同。通电后，电极发出电子，撞击汞原子，产生紫外辐射，轰击荧光粉产生可见光。CFL适用于家庭、宾馆、商场、学校、办公室以及公共建筑照明。

**智能照明 intellectual lights**

利用计算机、无线通信数据传输、扩频电力载波通信技术、计算机智能化信息处理以及节能型电器控制等技术组成的分布式无线遥测、遥控、遥信照明控制系统，实现照明设备的智能化控制。其功能包括：自动调节室内照度，自动切换各照明回路灯具的运行，从而均衡各照明回路灯具的运行时间，灯具亮度无级调节，定时控制，自动延时，灯光情景设置，停电状态记忆，开关状态锁定，达到安全、节能、高效、舒适的目的。智能照明适当、均匀、稳定、无频闪。自动调节照度，充分利用日光，可节电30%。控制系统有效抑制电压波动，软启动、软关断技术避免冲击电流对光源的损害，灯具寿命可延长2～4倍。

**建筑自动控制系统　building automation system，BAS**

建筑自动控制系统是智能建筑信息化系统的重要组成部分。它利用计算机技术和网络系统，对建筑的通风系统、空调系统、冷冻水系统、供热系统、给排水系统、照明系统、电力系统等实施集中管理和自动监控，可节能25%，节省人力50%，并提高工作效率。

**绿色建筑　green building**

绿色建筑是指在全寿命周期内，最大限度地节约资源（节能、节地、节水、节材），保护环境，减少污染，为人们提供健康、适用和高效的使用空间，与自然和谐共生的建筑。又可称为可持续发展建筑、生态建筑、节能环保建筑。

**被动房　passive house**

被动房是指采用节能的构建设计、围护结构、建筑材料等技术，充分利用室内生活热量和可再生能源，实况舒适的居住环境的房屋。与传统住宅相比，可节能80%。

**工业建造房屋技术　industrialization made house technology**

以工厂预测、现场组装方式建造房屋，具有节材、节能、节地、抗震、环保等特点。工地几乎没有建筑垃圾。中国已有成熟技术，通常采用钢结构、高强度预应力混凝土构建和轻质建材。与传统建房方式相比，可节材30%，节能70%，节地20%，工期缩短80%，建筑垃圾减少90%。欧、美住宅建设产业化率超过60%，日本达70%，中国约20%。

**智能家用电器 smart household appliances**

是将微处理器、传感器技术、网络通信技术引入家电设备形成的家电产业。能自动感知住宅空间状态和家电自身状态，以及家电版状态；自动控制，接双用户在住宅内或远程控制指令；可与住宅内其他家居设施（中央空调、音响、灯光、窗帘、安防等）互联，实施智能家居。

**高效清洁柴油汽车 high efficiency clean diesel vehicles**

采用高效内燃机的汽车，主要是载货车。目前，高效柴油汽车发动机的效率已达40%～45%，还可进一步提高到55%。高效柴油汽车采用先进的绝热外壳、高压喷燃、涡轮增压、高强轻质材料、减少摩擦和重量等技术。同等排量的柴油车与汽油车相比，扭矩高50%，可节油30%，减排$CO_2$ 25%。2010年12月，华泰汽车公司推出自主研发的我国首款可达欧Ⅴ排放标准的中、高级清洁柴油轿车，2011年销量可望达到3万～5万辆。

**纤维素乙醇 cellulose ethanol**

亦称第二代生物乙醇。是以农林废弃物和非粮作物为主要原料制取的生物乙醇。纤维素原料来源广泛，包括作物秸秆、稻壳、甘蔗渣、木屑、麻风树、柳枝稷、蓖麻、松子、竹子、海藻等。第一代生物乙醇以粮食为原料，包括甘蔗、玉米、小麦、薯类、甜菜等，存在“与人争食，与粮争地”以及产品能耗较高等问题。寻找能使纤维素转化为糖的合适的酶，是纤维素乙醇的关键技术。生物乙醇掺入汽油提高了燃料的辛烷值，取代含铅的添加剂，可减少汽车尾气中一氧化碳和碳氢化合物排放。而且乙醇含氧量高，可促使燃料充分燃烧，从而降低油耗。

**纯电动汽车 pure electric vehicle**

完全由车载可充电电池（铅酸电池、镍镉电池、镍氢电池、锂离子电池）作动力源的汽车。它的关键技术是电池、驱动电机和控制技术。我国生产的纯电动车已采用锂离子电池和稀土永磁无刷电机。电池充电有三种方式：普通充电方式，用交流插头插在车上充电，需2～6h；快速充电，20～30min，充入电池容量的50％～80％；更换电池，电池可租赁。

**混合动力汽车 hybrid electric vehicle**

以汽油或柴油为基本燃料的内燃机和电动机共同提供动力的汽车。动力源通常是汽油内燃机和可充电电动机。这两种动力源在汽车不同行驶状态下分别工作或一起工作，通过这种组合减少燃油消耗和尾气排放。通常起步和低速行驶时，仅靠电力驱动；行驶速度升高或紧急加速时，汽油发动机和电动机同时工作；高速行驶时，电池为空调、音响、前灯、尾灯等供电；减速和制动时，电动机变成发电机，为电池充电。与燃油汽车相比，综合工况下可节油15％～25％；与纯电动车相比，它在动力性能、续行里程、使用方便性等方面具有优势。

**氢燃料电池汽车 hydrogen fuel cell vehicle，HFCV**

以氢燃料电池为动力源的汽车。燃料电池是将氢和氧经过电化学反应转变成电能的装置。HFCV 的原理是：将氢送到燃料电池的阳极板（负极），经催化剂（铂）作用，氢原子中的一个电子被分离出来，失去电子的氢离子（质子）穿过质子交换膜，到达燃料电池的阴极板（正极），由于电子不能通过质子交换膜，只能经外部电路到达阴极板，从而在外部电路中产生电流。电子到达阴极板后与氧原子（氧从空气中获得）和氢离子重新结合成水，燃料电池发出的电，经逆变器、控制器等装置向电动机供电，再经传动系统带动车轮转动。

**车联网 car networking**

将物联网技术应用于汽车。车载电子标签通过无线射频识别、卫星导航、移动通信、无线网络等设备，在网络信息平台上提取、利用所有车辆的属性信息，以及静态、动态信息，对所有车辆的运行状态进行检测和监管，并提供多项服务，实现“人—车—路—环境”的和谐统一，对节能减排和行车安全有很大促进作用。

**高速列车 high-speed rail train**

据德国航空和空间技术研究院风洞试验，限速300km/h高速列车每人百公里平均能耗相当于2.88L汽油，轿车（150km/h）为6L，空气客车为7.7L。高速列车节能措施主要有：列车轻量化；流线型车头，光滑平整车行，减少运行空气阻力；制动能量回收利用。

**高速铁路永磁同步牵引系统 permanent magnetic synchronous traction system for high-speed rail train**

同步电机是转子转速与交流点频率保持恒定的电机。永磁同步电机是永磁产生磁场，从而避免由励磁电流产生磁场导致的励磁损耗。

**船联网 the ship network**

内河航运与物联融合，实现人船互联、船船互联、船货互联和船岸互联的内河智能航运网络，具有智能识别、定位、跟踪、监控、管理等功能。

**生物航空煤油 bio-jet fuel**

以动植物油脂和农林废弃物为原料制成的航空燃料，动植物油脂包括餐饮废油，全生命周期 $CO_2$ 排放量比传统航煤减少35%以上。

**高效变压器 high efficiency transformer**

采用新技术、新工艺、新材料降低电能损耗的高能效变压器。例如，用非晶金属材料替代冷轧硅钢片设计新的结构和工艺；45°全斜接缝无冲孔铁芯结构，可使空载损耗降低15%～20%；采用冷轧硅钢片全自动生产线等。非晶合金变压器的空载损耗仅为 S9 型高效硅钢变压器的 20%左右，相对降耗约 80%。

**大功率电力电子器件　high power electronic device**

电力电子技术是应用电力学、电子学和控制理论，通过电力电子器件对电能进行变换和控制的技术。其所变换的电力的功率小到几瓦甚至 1W 以下，大到几百兆瓦，甚至吉瓦。大功率电力电子器件通常是指电流数十至数千安、电压数百伏以上的器件。电力电子器件又称功率半导体器件。电力电子器件主要有晶闸管、可关断晶闸管、功率晶体管等。电力电子器件向复合化、模块化、功率集成化和智能化方向发展。新型芯片和器件包括金属氧化物半导体场效应晶体管（MOSFET）、集成门极换流晶闸管（IGCT）、绝缘栅双极晶体管（IGBT）、超快恢复二极管（FRD）等。

电力电子技术广泛用于电机调速、发电机励磁、感应加热、无功补偿、电镀、电解电源、通信网络电源以及冶金、输变电、汽车电子、轨道交通、新能源等领域。电力电子器件体积小，质量轻，响应快，功耗小，效率高，节能效果十分明显，可节电 10%～40%。

# 附录 4 能源计量单位及换算

**附表 4-1 常用能源计量单位**

| | |
|---|---|
| tce | 吨标准煤（吨煤当量）。标准煤是按煤的热当量值计算各种能源的计量单位。1kgce=7000kcal=29 307kJ |
| Mtce | 百万标准煤 |
| kgce | 千克标准煤 |
| gce | 克标准煤 |
| toe | 吨油当量。油当量是按石油的热当量值计算各种能源的计量单位。1kgoe=10 000kcal=41 816kJ |
| Btu | 英热单位。1Btu=252cal=1055J |
| kcal | 千卡 |
| Mt | 百万吨 |
| st | 短吨。1st=2000Ib=907.185kg |
| MW | 千千瓦（兆瓦） |
| GW | 百万千瓦（吉瓦） |
| TW | 十亿千瓦（太瓦） |
| kW•h | 千瓦时 |
| GW•h | 百万千瓦时 |
| TW•h | 十亿千瓦时 |

**附表 4-2 我国能源计量单位换算**

| 能源名称 | 平均低位发热量 | 折标准煤系数 |
|---|---|---|
| 原煤 | 20 908kJ（5000kcal）/kg | 0.7143kgce/kg |
| 洗精煤 | 26 344kJ（6300kcal）/kg | 0.9000kgce/kg |

续表

| 能源名称 | | 平均低位发热量 | 折标准煤系数 |
|---|---|---|---|
| 其他洗煤 | 洗中煤 | 8363kJ（2000kcal）/kg | 0.2857kgce/kg |
| | 煤泥 | 8363～12 545kJ/kg | 0.2857～0.4286kgce/kg |
| 焦炭 | | 28 435kJ（6800kcal）/kg | 0.9714kgce/kg |
| 原油 | | 41 816kJ（10 000kcal）/kg | 1.4286kgce/kg |
| 燃料油 | | 41 816kJ（10 000kcal）/kg | 1.4286kgce/kg |
| 汽油 | | 43 070kJ（10 300kcal）/kg | 1.4714kgce/kg |
| 煤油 | | 43 070kJ（10 300kcal）/kg | 1.4714kgce/kg |
| 柴油 | | 42 652kJ（10 200kcal）/kg | 1.4571kgce/kg |
| 液化石油气 | | 50 179kJ（12 000kcal）/kg | 1.7143kgce/kg |
| 炼厂干气 | | 45 998kJ（11 000kcal）/kg | 1.5714kgce/kg |
| 天然气 | | 38 931kJ（9310kcal）/$m^3$ | 1.3300kgce/$m^3$ |
| 焦炉煤气 | | 16 726～17 981kJ（4000～4300kcal）/$m^3$ | 0.5714～0.6143kgce/$m^3$ |
| 其他煤气 | 发生炉煤气 | 5227kJ（1250kcal）/$m^3$ | 0.178kgce/$m^3$ |
| | 重油催化裂解煤气 | 19 235kJ（4600kcal）/$m^3$ | 0.657kgce/$m^3$ |
| | 重油热裂解煤气 | 35 544kJ（8500kcal）/$m^3$ | 1.2143kgce/$m^3$ |
| | 焦炭制气 | 16 308kJ（3900kcal）/$m^3$ | 0.5571kgce/$m^3$ |
| | 压力气化煤气 | 15 054kJ（3600kcal）/$m^3$ | 0.5143kgce/$m^3$ |
| | 水煤气 | 10 454kJ（2500kcal）/$m^3$ | 0.3571kgce/$m^3$ |
| 煤焦油 | | 33 453kJ（8000kcal）/kg | 1.1429kgce/kg |
| 粗苯 | | 41 816kJ（10 000kcal）/kg | 1.4286kgce/kg |
| 热力（当量） | | | 0.03412kgce/MJ |
| 电力（当量） | | 3600kJ（860kcal）/（kW·h） | 0.1229kgce/（kW·h） |

续表

| 能源名称 | | 平均低位发热量 | 折标准煤系数 |
|---|---|---|---|
| 生物质能 | 人粪 | 18 817kJ（4500kcal）/kg | 0.643kgce/kg |
| | 牛粪 | 13 799kJ（3300kcal）/kg | 0.471kgce/kg |
| | 猪粪 | 12 545kJ（3000kcal）/kg | 0.429kgce/kg |
| | 羊、驴、马、骡粪 | 15 472kJ（3700kcal）/kg | 0.529kgce/kg |
| | 鸡粪 | 18 817kJ（4500kcal）/kg | 0.643kgce/kg |
| | 大豆秆、棉花秆 | 15 890kJ（3800kcal）/kg | 0.543kgce/kg |
| | 稻秆 | 12 545kJ（3000kcal）/kg | 0.429kgce/kg |
| | 麦秆 | 14 635kJ（3500kcal）/kg | 0.500kgce/kg |
| | 玉米秆 | 15 472kJ（3700kcal）/kg | 0.529kgce/kg |
| | 杂草 | 13 799kJ（3300kcal）/kg | 0.471kgce/kg |
| | 树叶 | 14 635kJ（3500kcal）/kg | 0.500kgce/kg |
| | 薪柴 | 16 726kJ（4000kcal）/kg | 0.571kgce/kg |
| | 沼气 | 20 908kJ（5000kcal）/$m^3$ | 0.714kgce/$m^3$ |

数据来源：《2015 中国统计年鉴》。

# 参 考 文 献

[1] 国家统计局．2015 中国统计年鉴．北京：中国统计出版社，2015.
[2] 国家统计局能源统计司．中国能源统计年鉴 2014. 北京：中国统计出版社，2015.
[3] 中国电力企业联合会．2014 年电力工业统计资料汇编．
[4] BP Statistical Review of World Energy 2015，June 2015.
[5] 日本能源经济研究所，日本能源与经济统计手册 2015 年版．
[6] 王庆一．2015 能源数据．2015 年 10 月．
[7] 杨申仲，杨炜．行业节能减排技术与能耗考核．北京：机械工业出版社，2011.
[8] 中国电子信息产业发展研究院．2013－2014 年中国工业节能减排发展蓝皮书．北京：人民出版社，2014.
[9] 中国交通运输节能减排项目管理中心．交通运输节能减排专项资金项目管理工作简报．2012 年 3 月．
[10] 张为民，王梦佳，等．北京市电子不停车收费系统综合效益评价．公路交通科技，2012，7.
[11] 中国交通部综合规划司．2014 年交通运输行业发展统计公报．2015 年 4 月．
[12] 罗建平，谢文宁，等．防城港港口带式输送机系统节能改造技术研究. 中国水运，2014 年 7 月．
[13] 孙洪磊，吕继兴，等．航空公司应用航空生物燃料的成本效益分析．化工进展，2014 年 5 月．
[14] 黄丽秋．优化航路结构．推进航空公司节能减排．2013 年 5 月．
[15] 国家铁路局．2014 年铁道统计公报．2015 年 4 月．

[16] 中国北方机车车辆工业集团公司．中国铁路新生代“超级大力士”在北车诞生．国务院国资委网站，2014 年 4 月．

[17] 周新军．高速铁路的节能减排效应．中国能源报，2012 年 5 月．

[18] 路郑．世界首台大型节能卷铁牵引变压器研制成功．中国能源报，2015 年 1 月．

[19] 金华市公路管理局．公路及隧道自发光节能照明标识设置工程．交通节能与环保，2015 年 1 月．

[20] 工业和信息化部．2014 年度中国钢铁行业市场运行情况分析．2015 年 3 月．

[21] 蒋丽萍．提高电力在终端能源消费中的比重．中国电力企业管理，2015 年 5 月．

[22] 国家电网公司营销部．能效管理与节能技术．北京：中国电力出版社，2011.

[23] 清华大学建筑节能研究中心．中国建筑节能年度发展研究报告 2015.北京：中国建筑工业出版社，2015.

[24] 国家发展改革委经济运行调节局．电力需求侧管理系列丛书：通用节能技术．北京：中国电力出版社，2013.